LOCUS

LOCUS

LOCUS

LOCUS

# touch

對於變化，我們需要的不是觀察。而是接觸。

# 顛覆廣告

## 來自法國的創意主張與經營策略

## Disruption

### Overturning Conventions and Shaking Up the Marketplace

尚一馬賀・杜瑞 Jean-Marie Dru

譯者：陳文玲／田若雯

a *touch* book
Locus Publishing Company
P.O.Box 16-28, Hsin Tien, Taipei County, Taiwan
2-3 Alley 20, Lane 142, Sec. 6, Roosevelt Road, Taipei, Taiwan
ISBN 957-8468-44-X Chinese Language Edition


Authorized translation from the English language edition
Published by John Wiley & Sons, Inc.

March 1998, First Chinese Edition
Printed in Taiwan

**顛覆廣告**

作者：尚-馬賀・杜瑞（Jean-Marie Dru）
譯者：陳文玲（pp.7-76 & pp.175-242）
田若雯（pp.77-174 & pp.243-270）
責任編輯：陳郁馨　美術編輯：何萍萍
發行人：廖立文　出版者：大塊文化出版股份有限公司
法律顧問：全理律師事務所董安丹律師
台北市117羅斯福路六段142巷20弄2-3號　**讀者服務專線：080-006689**
TEL:(02) 29357190　FAX:(02) 29356037
郵撥帳號：18955675　戶名：大塊文化出版股份有限公司
e-mail: locus@ms12.hinet.net
行政院新聞局局版北市業字第706號


總經銷：大和書報圖書股份有限公司　地址：台北縣三重市大智路139號
TEL:(02) 29818089（代表號）　FAX:(02) 29883028　29813049

排版：天翼電腦排版有限公司　製版：源耕印刷事業有限公司
初版一刷：1998年3月　定價：新台幣280元
初版 7 刷：2002 年 9 月

# 目錄

# 導言

## 六個廣告國界的比較

不知道有多少次，別人對我說，

美國廣告很簡單，英國廣告很幽默，

德國廣告很無趣，法國廣告很做作，

日本廣告很神祕。事實是，

每個國家的廣告都不同。

而這些不同之處既精深又微妙。

如果你住進一家異國旅館，走進房間的頭一件事，大概就是打開電視轉來轉去，所以難免會看見幾支廣告影片。這些影片有一種特殊的調性、色彩與風味，和你過去看過的廣告有些不一樣。原因很簡單：廣告比什麼都能反映出國家和世代的特色。比方說，廣告可以再現某個特定年代的價值觀，廣告多少也透露了一個國家的群體文化。正因如此，廣告創意人可以小從日常生活、大至國族認同裡，覓得廣告創作的靈感。誠如本世紀初某個知名廣告人所言，「你可以從廣告裡看出一個國家的模樣」，透過廣告，國家的面貌不斷展現出來。

我一直對各國廣告的面貌迥異深感興趣。時間累積出來的經驗，讓我愈來愈相信，這些差異不僅存在，而且非常顯著。不要說洲際之間，就連比鄰而居的國家，廣告的風格都很不一樣。我們用不同的方法做廣告，是因爲廣告會受到文化的影響。不少大型廣告公司的高級主管相信，世界各地的廣告會變得愈來愈相像，我認爲這是個錯誤的想法。這些高級主管以爲，靠著制式的專業訓練、類似的組織結構、相同的策略模式和小組作業流程，就可以幫助廣告公司克服文化的歧異，生產出一則又一則「放諸四海皆準」的好作品，難怪他們認爲，在紐約做廣告，和在巴黎、倫敦、新加坡沒有分別。不僅如此，跨國系列廣告（global campaigns）的概念也誤導了這些高級廣告主管。看起來，這種「一組廣告，行遍天下」的方式，似乎跨越了國界和文化的限制，但眞正成功的案例可能不到五十件。

# 在本土與國際之間

廣告的點子根植於眞實的生活，它們從文案和藝術指導的日常點滴裡萌芽茁壯。換言之，好的廣告創意，通常來自一個瞭解當地風土民情的人。如果你把十個廣告人放在比利時的首都布魯塞爾，請他們企劃一則可以在全歐洲播出的廣告，結果一定是徒勞無功。相反地，如果你在歐洲挑選五個首都，各找一組創意人馬做簡報，要他們做出最棒的、適用於當地的好廣告，幸運的話，也許你有機會從中發掘一個可以行遍歐陸的廣告創意。所以我們應該聽從商學大師湯姆·彼得斯（Tom Peters）的建議，把那句耳熟能詳的廣告口號倒過來說：「本土策略，全球表現」（Think local, act global.）。

這世界不曾停止改變，廣告公司也不例外。二次大戰以來，由於美國在經濟和文化方面主控了整個西方世界，歐洲的廣告公司，從美國的同業和美國這個國家身上學到了不少東西。更具體一點說，美國不但自認以武力拯救了世界，也自願擔下了重建世界秩序的責任，而這個工作不僅美國政府在做，連民間企業也非常積極。這些企業一廂情願地把資金和技術出口到歐洲和亞洲，乃至於世界的每個角落，所以從戰後到現在，美國主導了全球的行銷風向。不過，眼前的局勢有點改變，過去處處仰賴美國的國家已搖身一變，成爲與美國平起平坐的貿易夥伴，因此美國不能再坐享一「國」獨大的威風氣派。這種轉變，意味著廣告創意應該跨越地域的限制，互相交流，也鼓舞了廣告人之間的創意經驗分享和傳承。

正因如此，我們的視線應該要常常在「本土觀」和「國際觀」之間來回對焦。爲了達成這個目的，我們不能置身事外，也不能簡化或輕忽不同文化之間的差異。我們必須瞭解，我們可以，也應該充分利用他人的經驗來豐富自己。創意決非無中生有，一個絕佳的品牌策略，很可能是由地球另一端的某人發想出來的。多元的靈感和創意資源，可以帶來更多行銷的機會和廣告的點子。這個道理不僅適用於美國，也適用於歐洲和亞洲。所以，我們應該拜其他國家的廣告爲師。在這個變化不斷的世界裡，好奇心永遠只嫌少，不怕多。

這就是爲什麼身爲法國人的我，決定用英文爲全世界的讀者寫一本廣告書。廣義而言，這也是一本與行銷、企管關係密切的書。寫作的動機無關乎刻板印象裡法國人的自尊與傲慢，而純粹只是想在不同文、不同種的廣告文化之間，搭起一座橋樑。

## 美國 vs. 法國

比較美國和法國的廣告，我們會發現很多不同之處。追根究底，這些不同，來自於法、美文化對商業行爲的看法殊異，尤其是對錢各有一套觀點。法國人和美國人對於做生意賺錢的看法是完全對立的，而這種對立充分反映在兩國的廣告裡。在歐陸，人們不信任生意人，對於商業行爲也抱持著懷疑的態度，所以法國廣告顯得比較拐彎抹角，充滿隱喻，每每呈現出一種表演的氣氛。美國的廣告則正好相反，從來不怕赤裸裸的銷售，也從不規避面對面的競爭，因爲實用主義本來就是美國文化的核心價值之一。在我看來，美國有一種獨樹一格的

「推銷文化」，對於美國人來說，廣告不過是一種推銷手法而已。在法國，廣告影片中的演員直視鏡頭的比例不到十分之一；然而在美國，這樣的手法至少出現在七成以上的廣告裡。還有，美國廣告影片裡的品牌代言人，總是目不轉睛盯著攝影機，彷彿看著你的眼睛對你說話。相形之下，法國的廣告影片就顯得客氣和保守多了。

我們在前面已經提過，美國和法國廣告的差別，主要肇因於這兩種文化看待商業和金錢的態度。在美國，廣告人總是理直氣壯；在法國，廣告人則常常忙著為自己辯解。法國廣告重誘導而非說服，他們認為，可以誘使消費者主動掏腰包去買商品的廣告，才是好廣告。相反地，雖然美國廣告也常常使用誘導的手法，但是多數的文案還是會在解釋其創作意圖的時候，迅速為廣告下一個簡單有力的結論：「這隻廣告會賣。」過去二十年裡，我不記得任何法國或者英國的創意人員曾在我面前提到「賣」這個字，對他們來說，「賣」這個字眼既突兀又冒失。簡言之，歐洲的廣告重視創意，如果創意符合策略，商品自然會大賣。美國的廣告就直接了當的多，什麼會賣，就把它放進廣告裡。

不僅如此，這兩個國家發想廣告創意的過程也不同。在法國，我們先尋找好的廣告點子，再檢驗這個點子是否符合商品既定的行銷策略。這樣的過程可能反覆來回好幾次。在美國，創意發想的過程則整個反轉過來，嚴謹地遵循由上游（策略）往下游（表現）走的遊戲規則。每一回在紐約舉行動腦會議的時候，看著美國的廣告人提出構想時，我總是驚訝萬分。他們老是說「很接近了」，彷彿有個未明說的完美指標存在，只是我們看不見也摸不到。他們好像都先找一個主題、一句響亮的話或一段曲調。在英文裡，點子(idea)與理想(ideal)拼法接近，對美國廣告人來說，似乎點子是理想的具體呈現，而理想具指導功能但不存在。

美國人創造了實用主義，法國人創造了印象主義。這個類比或許過於簡約，卻很傳神。美國人向來看重具體及實用，沒有什麼比現實更吸引他們，美國文明是物質主義式的文明。曾經有個美國行銷主管對我說：「無法量化者可能就不存在。」法國人不會同意這樣的說法，因爲他們比較重視概念和意象。這兩者沒有對錯可言，因爲這些看法和態度都由文化而來。

美國廣告傳統以來，就是先發想文字再構思影像。這個現象和英語的可塑性高且精簡扼要有關。這一點可以從英國、美國報紙的標題得知：三個字的標題，就可以引起讀者的注意。美國的廣告文字也有這樣的力量。法國的廣告就完全不同。是不是由於法文的難於精簡，所以法國的廣告只好朝著隱喻、影像和夢幻氣氛的方向發揮？對於美國人來說，記住一句廣告標語或廣告歌詞一點也不難；但對於法國人來說，用兩千隻綿羊圈出來的國際羊毛註冊商標，遠比文字來得好記。

這剛好可以解釋，爲什麼法國人特別喜歡用海報的風格來設計廣告。對於法國人來說，海報可以創造出強烈的視覺震撼，它的功效一如文字之於美國人。長久以來，法國的藝術指導主導了發想創意和表現創意的工作，而在美國，此重任幾乎全由文案人員擔當。這也是爲什麼，至少一半的法國創意指導原先做的是藝術指導的工作，而約莫有九成的美國創意指導則是文案出身。

其實，還有個更重要的原因，決定了美國廣告和法國廣告（甚或歐洲廣告）的不同：民族性。一般說來，歐洲人比較保守，甚至害羞。他們不輕易在廣告裡流露感情，也害怕捲進多愁善感的情境裡。美國人則完全不擔心這一類的問題。

幾年以前，有人問著名的英籍廣告人瑪麗・威爾斯（Mary Wells），英國廣告到底好在那裡，她回答：「你可以從不少英國人口中得到答案吧！英國的廣告俏皮、尖銳、有趣，美國的廣告則比較煽情，常常用感官的、感情的和感覺的訴求。我認爲我們的廣告至少領先美國十年。」瑪麗・威爾斯絕對不會承認英國的廣告不如美國，此誠可理解，但我們不得不說，美國廣告人的確非常懂得如何把感覺、情緒和態度融入短短數秒鐘的廣告影片裡。還記得廣告大師比爾・波貝克（Bill Bernbach）的名言嗎？他說：「我可以畫一張圖，畫一個男子正在哭泣的模樣。我也可以把這張圖畫得讓你看了也想哭。」說到美國廣告擅長塑造情境，波貝克和瑪麗・威爾斯的意見是一致的。他們都相信，動人的廣告就是好的廣告，而美國廣告之中確實有不少佳作打動了你我的心，這是其他國家的廣告望塵莫及之處。

幾年前，我們在法國爲赫茲租車公司（Hertz）企劃了一支出人意表的廣告影片。故事在沙漠裡展開，黃沙漫天飛舞，一群禿鷹兇猛地攻擊一輛瀕臨解體邊緣的破車，而繫著黃絲帶的、掛著赫茲公司牌子的車子則從旁呼嘯而過。這是一支教人毛骨悚然、帶著強烈比較色彩的廣告影片。當時我曾經寫過一篇文章，解釋這支影片：「這是我們最想做的那一種廣告。

首先，它充滿了撩撥情緒的元素：禿鷹啦、破車啦、繫著黃絲帶從旁呼嘯而過的車子啦，是一支場面壯觀的影片。但是我們的用意不止於此：我們大膽地以比較式的手法把商品的功能點出來。比方說，禿鷹的出現就是與他人相較的象徵。我們從一個想像力豐富的點子出發，目的卻是要製作出一支充滿競爭力，完全以產品功能爲導向的廣告影片。」

爲了要證明，比較式的手法可以和好看的情節共生共榮，我常常舉百事可樂（Pepsi）的「考古篇」廣告影片爲例：公元三〇〇二年，考古人類學者領著一群學生搜索地球文明的殘跡。他們找到了一把吉他、一隻球棒和一只可口可樂（Coca-Cola）的空瓶。學者用雷射光檢查了空瓶子，然後把它舉起來研究。這時，有個學生問老師：「這是什麼？」學富五車的老師則搖著頭回答：「我一點也不知道。」在身爲歐洲人的我看來，這支影片成功地結合了「強銷」（hard sell）和「軟銷」（soft sell）兩種手法，可謂該類廣告影片的經典之作。「軟銷」是賣情境，在這支影片裡指的是故事本身及其幽默的訴求。「強銷」是賣功能，在這支影片裡指的是與可口可樂的短兵相接。過去二十年裡，從福斯汽車（Volk-swagen）到耐吉運動鞋（Nike），美國廣告一直在玩同樣的技巧。如果我們承認廣告是一門運用感情的藝術表現，從這些例子看來，美國確實是個中翹楚。

歐洲人很喜歡百事可樂的系列廣告，尤其是這支「考古篇」。可是，美國人的反應不盡相

同。美國的行銷作家馬丁・梅爾（Martin Mayer）就曾經這麼批評：「這是一支好玩的廣告影片。也許百事可樂花錢拍這支廣告是值得的，因爲它讓百事可樂的消費者覺得很高興。但是，我們也看得出來，這支廣告其實沒有什麼實際的作用，頂多讓廣告人和可樂公司的企劃部會心一笑罷了。」他還補充說：「或許歐洲地區的消費者會因爲這支廣告而多買幾瓶百事可樂，但是實在很難想像看過這支影片的美國人也這麼做。」

梅爾的評論點出了一個事實，那就是美國廣告和歐洲廣告之間的鴻溝並未消失。我不確定哪個地區的廣告做得比較好，但是我發現歐洲人對廣告比較有好感。以法國爲例，百分之六十五的民衆說他們愛看廣告。法國廣告不只推銷品牌，也推銷廣告的表現。也許正因爲我們廣告人的努力，造就了人們對廣告的好感。而在美國，超過三分之二的民衆認爲自己是不愛看廣告的人，不僅如此，他們甚至認爲廣告是一種對於觀衆智商的侮辱。

著名的法國女演員依沙貝・雨蓓（Isabelle Huppert）有一次這麼說：「美國人擁有一切，他們什麼也不缺。他們當然羨慕歐洲的歷史和文化，但骨子裡，我們對他們而言，不過是一個比較優雅的第三世界罷了。」對美國人來說，所謂的世界，就是介於太平洋和大西洋之間的北美大陸，來自倫敦、馬德里或其他地區的廣告創意，似乎一點也引不起他們的興趣。

但是，創意和靈感應該是雙向流通的。如果我們相信廣告應該朝著「想法本土化，目標國際化」的目標努力，瞭解其他國家廣告的特性對我們會有很大的幫助。所以讓我們暫時離開美國廣告，用幾頁的篇幅談一談其他國家是怎麼做廣告的。

# 日本

乍看之下，日本文化和法國文化似乎完全不同，其實，兩者之間有許多心靈相通之處。日本社會處於一個既要發展科技，又要保存傳統的階段，這種「雙重目標」的處境對於歐洲國家來說並不陌生。在看似冷漠的表面之下，日本人一直致力於豐富文化資產，視文化資產爲「精神食糧」。和法國人一樣，日本人也不信任近代西方以美國爲中心所建立起來的制度與體系，不過，其不信任的基礎和法國人不盡相同。

在廣告方面，日本人和法國人很像，不喜歡把話說得太白。一百年以來，西武百貨、巴而可和資生堂這些知名品牌的廣告，都用隱喩的表現手法。西武是一家日本著名的百貨公司，我們可以從它重新開幕的平面廣告裡窺得這種風格：廣告像一張精緻華麗的海報，距廣告上緣不遠處，有一條淸楚的水平線，而水面之下，有個六個月大的嬰兒正張大著眼睛游泳，剩下的畫面滿滿都是蔚藍的海水，只在右下角落了一個標題：「發現你自己。」這則廣告曾經在東京的大街小巷張貼，也做成一塊六十平方英尺左右的巨幅店頭看板。對日本人而言，用嬰兒游泳的照片和「發現你自己」這樣的標題，來告知百貨公司重新開幕的消息，是很自然的方法。

日本文化和法國一樣，也有深遠的圖象傳統。日本由於文字的

表意特性，廣告的意念呈現往往借重符號與象徵來表達。這種表達方式並非一朝一夕可以學會，但是已深植在日本年輕一代的心裡，所以，當他們成爲廣告人時，他們非常重視以符號傳情意的價值，也常在廣告裡使用象徵性的手法。無獨有偶的，法國的廣告人也把海報式的廣告視作表意文字。對他們來說，海報式的廣告就是用影像來詮釋心中意念的最佳方案。基於使用符號和隱喻的理念相近，日本和法國的廣告文案寫作也有許多共通之處。

與西方國家相較，日本的廣告文案顯得更抽象、更簡單。日本的廣告充滿了大量的自然景觀——薄暮、夕陽、飛越地平線的鳥群、迎風搖曳的蘆葦等等。日本人也常常把出人意表、全無邏輯，以及與主題無關的景像融合在廣告裡，用以增添廣告的風味。一連串快速翻動的影像，對日本人而言，就像是一段有含意的文字。相同的手法，對我們西方人來說，可能只不過是一段快速剪接的視覺映像而已。日本的廣告全靠累積符號的方式來產生作用。對於新力（Sony）和日產（Nissan）來說，如果，運用自然景象來平衡自己過度工業化的形象是正確的策略，何樂而不爲？

除了感性，日本廣告還發揮了豐富的想像力，這也正是日本廣告打動人心的地方。美國社會學者愛德華・霍爾（Edward Hall），曾經提出一個用「豐富」（rich）或「貧乏」（poor）的觀念來區隔文化內容的理論，我們不妨借用這個理論來說明日本廣告的特性。霍爾認爲美國是一個文化貧乏的國家。美國人看重現實；凡是主觀的、無法量化的，都被視作不存在。在所謂的亞美利堅民族大熔爐裡，爲了要共同生活，反而抹煞了不同民族的文化特色，削弱了文化內容的豐富性。相反的，在拉丁美洲、中東、亞洲、非洲這些文化豐富的地區，人們不但保存傳統歷史，也繼續追尋文明的突破。這些地區的人能夠包容事情的多重面貌，能面對問題的各種可能性，也能夠接受人際關係的錯縱複雜。人與人之間，很多話不須明說就可以意會。這種現象也連帶影響到廣告的企劃。

法文裡有一個表達方式："se comprendre a demi-mot"，很難翻譯成其他的語言。如果直譯，可以說成「用半個字瞭解對方」，其實它的意思有點接近「只能意會，不可言傳」。這種省時省力的溝通方法，只對處於相同文化環境裡的人有意義。

## 英國

對於含蓄的英國人來說，「意會」是一種近乎天性的態度。有一次我說，英國廣告人應該多花點心思在工作上，他以一種典型的輕蔑語氣回答我：「用心在企業身上？那多無恥啊！」英國的廣告人以一種有距離的態度做廣告，看起來像是一點也不肯把聰明才智浪費在企業身上的模樣。

所以，對於明白易懂的廣告，英國廣告人常常不以爲然，說那是了無新意的作法，說它「過於精準」，太過「婦孺能解」。如果這種現象繼續下去，總有一天，英國的廣告將變得晦澀難解，而身爲消費者的我們，則一點也看不懂廣告的內容。

但是，在過去二十年裡，業界一致公推倫敦是廣告業的麥加（聖城之意），也是一流創意人才的集散地。不僅如此，英國版的《藝術指導年鑑》（*Art Director's Annual*）還被全球各地的廣告人一讀再讀。這些顯赫要歸功於三個原因：一，許多著名的廣告公司在英國起家，例如CDP、BMP、Saatchi、BBH、GGT、Abbott Mead 等等；二，許多著名的廣告人在英國發跡，例如名音樂人艾倫·派克（Alan Parker）、電影導演雷尼·史考特（Ridley Scott）等等。最後一個原因是我認爲最重要的原因，就是前述那種與企業保持距離的態度。這種態度看似完全疏離，其實是完全掌握情勢，足以征服人心。

## 西班牙

來到了畫家戈雅（Goya）和電影導演阿莫多瓦（Almodovar）的故鄉，西班牙。很多人以爲，西班牙的廣告就像這些名藝術家的作品一樣，充滿了熱情與戲劇的張力，其實不盡然。與其說西班牙的廣告充滿了莫名的熱情，倒不如說充滿了概念上的烈火。對於西班牙人而言，賣一台冰箱毋需冗言，只要把產品功能秀出來就好了：一台冰箱杵在白花花的沙漠裡，一隻手打開冰箱的門，拿出一粒雞蛋，打在冰箱頂上。兩秒鐘之內，蛋就被烈日煎熟了。我們可以從這支廣告影片裡看出，西班牙人非常擅長運用特別的手法來展現產品，創造出讓人過目難忘的視覺影像。

西班牙的廣告業起步較晚。自從獨裁者佛朗哥（Franco）於一九七五年過世後，西班牙一面忙著向英美拋媚眼，一面不忘重整拉丁民族的特色。這些因素加在一起，使得西班牙成爲全世界廣告最有創意的國家之一。在有限的預算下，西班牙的廣告人驗證了一句名言：「缺錢反而孕育好創意。」還有，西班牙的廣告喜歡在若有似無之間，用幾個影像表現暴力，然後突然打住。這種特性賦予西班牙廣告一種不安定的簡潔風格。

## 德國

德國廣告有幾個特色。第一，德國的廣告業具備強烈的工作使命感：德國的廣告人視促銷商品爲廣告唯一的職責。這種執著，有時候比美國人還嚴重。其次，德國人認爲廣告的目的就是說服，而且德國廣告人習慣用一種淸教徒的精神，把廣告做得簡樸無華。第三，在這個以製造精密機械聞名於世的國度裡，人們不相信廣告會影響產品的生命週期，所以相對的較不重視廣告的地位。不過也有人認爲這種觀念正在慢慢改變。

在一支最近才播出的賓士汽車廣告影片裡，遲歸的先生帶著尷尬，甚或些許內疚的神色向太太道歉，他解釋他遲歸是因爲車子半途拋錨的緣故，太太聽完伸手打了先生一巴掌，說：「賓士汽車從不拋錨。」負責賓士汽車和其他客戶廣告業務的史賓格與雅可廣告公司（Springer & Jacoby），近年來企圖鬆綁德國民衆保守的心態，因此類似風格的廣告也接二連三問世。當我們嘲笑德國人太過理性嚴肅的同時，可別忘了，這個國度也是歷史上著名的浪漫主義的發源地。相信不久的未來，我們會看見更多不只是說理陳情的德國廣告。

# 亞洲與其他地區

繼續這段廣告之旅，我們發現，挪威的廣告帶著些許幽默、誇張的色彩，和比鄰而居的瑞典拘謹樸素的廣告風格形成強烈對比。我們也發現，泰國的廣告在東南亞諸國中自成一格。在曼谷，我們看見廣告人希望從傳統文化裡定義泰國廣告獨特風格的用心。這個現象，也許是因為泰國是東南亞這個區域裡，唯一不曾被外國勢力侵犯過的國家。泰國的例子再次證明廣告可以反映一個國家的歷史文化。

在遠東地區，尤其是東北亞一帶，廣告業正逐漸擺脫西方世界的思考模式。溫和與人情味營造了這個地區廣告的獨特風味。台灣有一支中華汽車的廣告影片是這樣的：畫面上有個男子背著他生病的小孩，在大風大雨裡跋山涉水。旁白是一個中年男子的聲音，他就是畫面中的那個小孩，現在的身分則是成功的生意人。他用一種感性的語調說：「我小的時候，有一次發高燒，因為村子裡沒有醫院，阿爸只好背著我走好遠的路去看病。現在我長大了，事業也有成了，我可以對我的爸爸說：『阿爸，讓我來背你走一段。』」中華汽車這支以塑造企業關懷形象的廣告影片，充分發揮了儒家思想裡重孝道的精神。

廣告是社會的鏡子。廣告反映了每個地方的文化。然而，我們常常把各國廣告之間的差異扁平化為少數幾種刻板印象。不知道有多少次，別人對我說，美國廣告很簡單、英國廣告很幽默、德國廣告很無趣、法國廣告很做作、日本廣告很神祕。事實是，每個國家的廣告都不同，而這些不同之處既精深又微妙。

廣告通常寓意深遠。每個國家生產成千上萬支三十秒鐘的廣告影片，讓我們得以窺見不同國家的社會文化特色。每個國家以獨特的方式在廣告中表達自我，就像畫家用畫筆在畫布上揮灑自如。世界村的理念並沒有改變什麼，相反地，隨著廣告表現的變化多端，廣告這個行業將愈來愈看重地方色彩。面對國與國的距離因科技而縮短，國與國的差異因傳播而同質的世界潮流，每個國家都在努力保存自我的空間、抗爭的據點與文化的特色。正因如此，全球的廣告業將面臨一個空前絕後的挑戰。

身爲廣告人，我們夢想把手邊每一個品牌推上世界舞台。爲了要讓一個品牌形象在國界之間暢行無阻，我們一定得考慮每個國家的特性。我們應該眼明手快，知道什麼時候可以在不同國家用相同的廣告策略，什麼時候不可以。我們也必須小心謹愼，可別誤以爲國與國之間是毫無差異的。

基於這樣的理念，我們發展出「顛覆主張」（Disruption）這項廣告創意術，企圖找出每個品牌的優點，以及它在不同文化裡成功的要訣。它不僅是一種促動改變的能量，也是一種協助創意超越國界的動力。猶有甚者，顛覆主張建構了廣告人之間合縱連橫的溝通網：無論相隔多遠，從此，兩個廣告人可以用「意會」的語言暢談廣告創意，共謀廣告大計。

# 第一部
# 顛覆之前

本書提出的「顛覆主張」創意思考策略，
是積多年廣告實務而成的心得，
這套思考方法幫助我們在廣告業裡成長茁壯，
相信對於從事創意工作的人必有所助益。
在尚未進入「顛覆主張」之前，
我們先回顧若干膾炙人口的廣告創意，
並整理廣告業行之有年的幾個看法；
也探討在變動不居的商業環境中，
廣告人如何迎向未來。

# 1

# 驚艷與信服

## 在左腦和右腦之間

點子是直觀的、頓悟的、靈光一現的；

它的產生意味著思考上的跳躍。

想法則不同，它是循序漸進的；

它是一種知性的見解，

一種對事物的看法。

好的點子讓人驚艷，好的想法則讓人信服。

顛覆主張是一種思考的方式，是一種行銷和廣告的方法。這個名詞囊括了決裂、跳躍、非線性思考、品牌創始之前與衰微之後的種種想法。

顛覆主張並非無中生有，亦非由某人瞬間的靈感激發而來。顛覆主張是廣告這個行業的成果，換言之，是我們做廣告多年累積起來的經驗。豐碩甜美的果實，必然要經歷歲月的醞釀。

七〇年代、八〇年代曾經出現一些絕佳的廣告創意點子，這些點子和顛覆主張想努力達成的目標大有關連。更具體一點說，顛覆主張其實就是這些好點子的延續。所以，在這章裡，我們要爲過去那些了不起的創意點子辦一次具啓發性的回顧之旅。經由這趟旅程，我們將會明白，如果沒有那些想法上的躍進，就不會有後來偉大的廣告創意。而一次躍進，就是一次決裂、一次突破、一次蛻變。顛覆主張的概念就在這裡面。不過，別太心急，讓我們先回顧一下最近二十年來著名的廣告創意。

談到好的廣告創意，不能不提寶鹼公司（Proctor & Gamble）。寶鹼是一個以生產行銷日用品爲主的企業，對於廣告公司的要求其嚴無比。有很長一段時間，我對於一位英國的廣告人提姆・戴維斯（Tim Davis）眞是又羨慕又嫉妒，儘管他並未能在廣告史上佔有應當享有的地位。戴維斯於一九八〇年代初期任職於位在倫敦的楊雅（Young & Rubicam）廣告公司，負責的客戶正是寶鹼。

我特別記得由他企劃的兩支廣告影片：一支是「佳齒」牙膏（Crest）的廣告，一支是閃亮洗潔精（Flash）的廣告。班博（Benton & Bowles）廣告公司有一句名言：「會賣的才是好創意。」從這個觀點來看，這兩支廣告確實是不折不扣的好創意。自從廣告問世，兩個品牌的市場佔有率都立刻提升了至少六個百分點。如果我沒記錯的話，佳齒牙膏在十八個月內，增加了百分之二十的市場佔有率。尤有甚者，佳齒牙膏與閃亮洗潔精還勇奪一九八二年坎城影展廣告影片的銀獅獎與銅獅獎。有創意的廣告比比皆是，但是既有創意又能賣商品的廣告還眞的不多。

直到現在，我還是可以淸楚記得佳齒牙膏廣告影片的細節。那是一支用動畫技術製作出來的影片。一開始，螢幕上出現了一個小孩的臉，佳齒牙膏變成一枝橡皮擦筆的形狀，把小朋友的蛀牙一個一個「擦掉」。接著，一小格、一小格的彩色畫面像排紙牌一樣出現，每一格裡都有一個小朋友正在用佳齒牙膏刷牙，原來這支廣告在說，佳齒牙膏「奮力使蛀牙成爲歷史」。在我看來，這支廣告兼具了教育意味與娛樂性。

閃亮洗潔精的廣告則是展示產品實際功能的廣告。在三十秒鐘的影片裡，畫面上一直只有兩只玻璃杯的特寫。左邊的杯子用一般的洗滌劑沖洗，明顯地看出有垢痕；右邊的杯子則用閃亮洗潔精沖洗，當然閃閃發光，全無垢痕。對於洗潔精的廣告而言，還有什麼手法比用兩只玻璃杯擺在一起的比較更傳神呢？

這兩支廣告播出的時候，我是法國楊雅廣告公司的負責人。當時我滿心羨慕戴維斯的成就，因爲所有爲寶鹼公司企劃廣告的人，都夢想自己的作品能同時獲得消費者（及全世界要求最嚴苛的廣告主）與廣告大獎評審的雙重肯定，儘管得獎不太能提供實質利益。

一九八三年尾，寶鹼公司決定終止與楊雅廣告公司的合作關係。這個消息震驚了全球的廣告業。能夠代理寶鹼公司的廣告業務一直是所有廣告公司的夢想，因爲寶鹼公司的行銷技術無可比擬。幾乎在所有的市場，寶鹼的產品都是數一數二的領導品牌。

六週以後，一九八四年年初，尚-克勞德・柏雷（Jean-Claude Boulet）和我離開了廣告公司，與幾個朋友共組了BDDP廣告公司。幾個月後，戴維斯也帶著他旗下的創意大將，離開了楊雅廣告公司。

## 創意與製作

多年以來，寶鹼和它的廣告公司創造了一種廣告哲學——或者，我應該稱它爲一種獨一無二的廣告知識。

舉例來說，我還記得一九七二年康頓廣告公司（Compton，也就是現在紐約的上奇（Saatchi & Saatchi）廣告公司的前身）曾經舉辦了一場說明會，目的是介紹十二種製作「消費者現身說法廣告」的手法。它的內容五花八門，包括如何架設隱藏式攝影機（寶鹼旗下家用品的廣告，曾經使用這種手法捕捉家庭主婦的眞實反應）、如何剪接使用者的證詞（寶鹼旗下清潔用品的廣告，曾經使用這種手法加強其證言的權威感）等等。這類型的說明會展現出廣告人的專業知識。其實，那時有不少廣告公司開始累積其工作的經驗、並且努力地將這些經驗轉換爲知識（know-how），其中最著名的，就是康頓廣告和葛瑞（Grey）廣告公司。

專業知識的累積，不僅有助於廣告的製作，也有助於創意的發想。從製作的觀點來談，有了前人的智慧，我們可以按圖索驥，找出正確拍攝廣告影片的方法。比方說，當我們拍一支以展示產品功能爲主的廣告時，我們已經知道觀衆不愛看一個以實驗室爲背景的畫面，而要一個家居的場景；我們也知道最好把產品使用的眞實狀況拍下來，不要只是靜態地把包裝亮出來；還有，廣告的重點應該放在解決問題上，而非一堆空泛的說明。除了產品功能展示，所有的廣告手法，例如生活片段、使用者證言、旁白說明、名人推薦等等，都曾經被廣告人仔仔細細地拆解、評估和分析過。這些製作影片的智慧結晶流傳於全世界的廣告業。

在談到專業知識如何幫助創意發想之前，我想說明一下創意和製作的差別。創意是一個迷人的、獨特的想法，目的在於傳達商品的利益。而製作則是表現創意、說明創意、描繪創意的手段；它的目的在於把創意具體化。我們可以把製作看作是一種「落實創意」的創意，換言之，我們由商品利益延伸爲創意，再由創意延伸爲製作。

創意的好壞不應該受到製作結果的影響。在不考量製作效果，只評估創意的時候，我們發現許多寶鹼的廣告創意非常聰明、非常有新意。儘管時日久遠，我認爲這些了不起的點子仍應受到這一代廣告人的肯定。

不論是否自覺，我想每個人心裡都有一張「心嚮往之」的廣告創意名單。我心中的名單包括了十來個寶鹼公司的廣告創意。這些創意雖然是過去的作品，卻仍然動人。

## 絕佳賣點

如果用心觀察，我們會發現，日常生活裡充滿了難以計算的細節、習慣和無意識的動作。這些細節、習慣和動作都可能成爲記錄的素材和靈感的來源。作爲一個創意人，就像藝術家一樣，我們可以從他人身上獲得取之不盡、用之不竭的創意泉源。

在諸多成功案例之中，有一些著名的經典之作。雖然這些故事有些老舊，但還是有溫故知新的價值。

「巧棉」（Charmin）是一個衛生紙的品牌，它比一般衛生紙來得厚，因此吸收力也特別好。儘管厚，「巧棉」摸起來卻非常柔軟，所以許多家庭主婦忍不住把它從貨架上拿下來捏來捏去。這個下意識的動作給了廣告人一個靈感——影片的場景設在一個超市裡，面對被主婦們搞得亂七八糟的衛生紙，負責貨物上架的超市經理莫可奈何地請求她們：「請妳們別再捏巧棉了好嗎？」看似抱怨，其實完全在讚美商品。這支影片以一種別出心裁的方式，把巧棉厚實吸水的特性表露無遺。

葛林牙膏（Gleem）可以有效防止蛀牙。但是，就這一點而言，它和其他競爭品牌並沒有顯著的不同。爲了要將它和其他品牌區隔開，葛林牙膏的廣告提出了一個簡單的主張——上班的時候沒有辦法餐餐刷牙，所以消費者需要一支可以長時間保護牙齒的牙膏。「爲無法餐餐刷牙的人所設計的牙膏」這個精湛的想法，成爲葛林牙膏絕佳的賣點，因爲它暗示了葛林牙膏在預防蛀牙上比其他品牌更有效。

小寶寶喜歡到處亂爬，尤其喜歡黏著媽媽、在廚房裡的地板上亂爬，所以每個媽媽都希望地板一塵不染。這個想法給了光潔清潔劑（Spic & Span）一個靈感，用「讓地板乾乾淨淨，連小寶貝都可以爬來爬去」作爲廣告的訴求。清潔產品原本沒什麼新意可發揮，但是這個訴求讓光潔清潔劑感覺起來不再那麼平凡無奇。

不只男人會流汗，女人也需要保持身體的乾爽清香，但是當廣告對女人說話時，除了產品功能要說清楚，也必須顧及性別的重要性。比方說，「秘密」（Secret）止汗劑就用「秘密對男人夠力，但是專爲女人而設計」作爲其強而有力的訴求重點。

沒有什麼比頭皮屑更讓人尷尬的了，因爲頭皮屑往往給他人一種邋遢、不潔的感覺。抓住這個弱點，海倫仙度絲（Head & Shoulders）技巧地提醒我們：「你沒有第二個機會留下第一印象。」

「把握」止汗劑（Sure）請你高舉雙手——如果你有把握的話；福爵咖啡（Folgers）是每天早晨醒來最美好的部分；克林清洗潔劑（Clinch）讓清潔工作像使用吸塵器一樣方便容易；多妮（Downy）衣物柔軟精讓洗過的衣服像羽毛一樣柔軟；甘恩香皂（Gain）帶給你陽光般乾淨清爽的感覺。

這些創意經得起歲月的洗鍊，儘管大部分的點子都超過十年，有些甚至更久。有些廣告還在播放，有的雖然已經看不到了，依舊在我們心底留下難以抹滅的回憶。從這些絕佳的創意可以看出，靈感可能來自日常生活的觀察，也可能來自產品使用的經驗，這兩者的結合給予了品牌出人頭地的大好機會。這些好創意就是一個個「值得擁有的點子」(ownable idea)——前述這些品牌都做到了把好點子變成自己的東西。

不管製作出來的結果如何，好賣點就是好賣點。有人甚至覺得，越是出色的點子，越應該和最後的結果分開來談，原因是點子早在製作之前就成形了。一個好的點子，就是一組可以直接與消費者的想像力對話的文字；它爲產品利益增添了生命力和深度，它甚至可以環繞著產品利益，發展出更豐富的訴求。比方說，海倫仙度絲提示人們對於「第一印象」的重視，這遠比直指去頭皮屑的功能來得令人信服。好的點子讓品牌成爲我們日常生活的一部分，甚至是不可或缺的一部分。

通常，我們會把點子直接當作廣告標語，但有的時候這個過程會多轉幾個彎。比方說，海岸咖啡（Coast）的系列廣告一直以「讓你睜開雙眼」作爲標語，這個標語其實是由「海岸咖啡的香味可以使你自沈睡中清醒」的原始創意而來。好的點子是訊息的核心，也是發展成故事的依據。還有一個很棒的例子，就是早期「快適口」食用油（Crisco）的廣告。在廣告裡，畫面上是產品重覆使用的實況表演，而旁白則對著觀衆說：「每一次，我們只損失了一匙油。」這句話就是整個影片的重心，就是一個絕佳的賣點。

我們不妨再仔細回想一下「快適口」食用油的廣告——煎過食物以後，一個家庭主婦只加了一匙油，煎鍋裡的油量就完全回復了原狀。這支廣告影片是一個產品特性展示的最佳例證，它用廣告傳遞了一個重要的訊息：換做其他品牌，可能要多加好幾匙，才能讓煎鍋回復原來的油量。「快適口」食用油的廣告影片，用實際使用的結果，把品牌之間難以衡量的差距轉換爲可以互相比較的效果。

產品特性的比較往往是利之所在。我還記得曾經爲一個洗碗精品牌企劃過一系列的廣告。該品牌的特色，在於其配方裡有一種讓水珠難以附著在碗盤上的特殊成分，因此沖洗以後，碗盤的表面不會留下水漬。我們原本可以用「再也不必擦乾碗盤」這類文字作爲訴求重點，但是這個訴求太普通了，任何一個具備類似功能的競爭品牌都可以用相同的方式做廣告，所以我們改用「絕佳去油脂行動」作爲訴求重點，賦予產品一種不同層次的定位。坦白說，「方便」是每一個品牌都可以提供的，但是產品的定位則是相對的、見仁見智的，這也可說明，爲什麼以方便作爲訴求重點的廣告策略向來乏人問津。

我不知道誰發明了「賣點」（selling point）這個名詞，但它的確名符其實。點子的最終目的，就是要賣商品。然而賣點最好能夠超越其字面的含意，與品牌長程的發展方向結合在一起。原因是，屬於自己且永續經營的好點子不但可以豐富品牌形象，還可以增加品牌價值。

除了上述這些寶鹼公司的絕佳賣點以外，還有不少品牌也想出一些好標語。比方說，麥斯威爾咖啡（Maxwell）用的是「到最後一滴都好喝」（編註：原句是 Good to the last drop，台灣廠商使用的標語是「滴滴香醇，意猶未盡」），丹迪口香糖（Dentyne）的是「用丹迪來刷牙」，以及原本屬於「請吃」糖果（Treets），後來被M&M巧克力接收的「只融你口，不溶你手」等等，都是膾炙人口的佳作。M&M的個案尤其特別。一則廣告標語可以由品牌甲順利移轉給品牌乙，由此可知，好點子的確力道威猛、無與倫比。當點子這麼有威力時，它們當然是無價之寶。

我十分佩服那些企劃出這些絕佳賣點的廣告人，他們的名字不見得被收錄在廣告名人錄裡，但他們的智慧與才華絕對值得讚揚。

## 有創意的躍進

海倫仙度絲是洗髮精，把握是止汗劑，快適口是食用油，這些產品究竟有什麼共通之處呢？我認為它們的共通之處在於傳遞並製造了使用產品的「最終功效」。不像穿衣服是為了流行，或者喝湯是為了美味，這些產品提供給消費者的是一種眞眞實實的功效。但這是否意味著絕佳賣點的概念只適用於能夠提供具體使用結果的產品？非也。

我記得曾為吉兒內衣褲（Jil）企劃了一些廣告，廣告的標語是：「這麼柔軟，讓你情不自禁想摸摸它們」，我也曾經用「好喝到讓你忍不住想和他人分享」做為立畢罐頭湯（Liebig）的標語。（有一陣子，這種「……到讓你……」式的廣告語法成為大家慣用的手法。）嚴格說來，吉兒內衣褲和立畢罐頭湯，都不是那種能夠提供產品實際使用效果的商品。

橘納（Orangina）是一種橘子口味的碳酸飲料，它也沒有什麼具體可見的使用效果。但是，廣告人在橘納的瓶底發現了一些橙色的沈澱物，證明了橘納確實含有橘子果肉，換言之，象徵了產品的好品質。

據此，廣告人想出了一個絕佳賣點：「飲用前請搖一搖橘納，好把果肉搖勻。」從那時開始，橘納製作了一連串誇張、幽默的廣告來鋪陳這個賣點。在某支廣告影片裡，調酒師機械式地搖了一瓶又一瓶橘納。後來，侍者端給他一瓶香檳，他還是不自覺地繼續用力搖晃酒瓶。想當然爾，香檳的軟木塞就應聲飛出去了。另外一支影片的場景設在滑雪勝地的餐廳裡，踩著雪橇的侍者爲了展現他的不凡身手，把橘納放在托盤上小心翼翼地端出來，沒想到他摔了一跤，終究還是搖勻了橘納。在最近的幾則廣告裡，廣告人賦予橘納的包裝一種擬人化的趣味，但是最主要的訊息「搖一搖」並沒有改變。廣告一開始，兩個打扮成橘納瓶子模樣的人在街上溜滑板。他們不斷向前滑行、不斷地搖晃。在另外一支廣告裡，扮成橘納模樣的人發現自己在任天堂的遊戲裡，他們必須搖搖擺擺地追隨超級瑪麗越過無數障礙。橘納的廣告在法國也非常受歡迎。

爲橘納企劃廣告的人，不但把產品的瑕疵（滯留於瓶底的果肉殘渣）轉變爲品牌的資產（含有水果原汁），還用一個簡單的創意（「搖一搖」），成功地把訊息傳遞給消費者。這種打動人心的創意就是企劃好廣告的基本要件，它的力道足以衍生出一系列廣告影片。不過，如同我再三強調的，這些點子自成一家，與製作的好壞無關。

有時候我們會批評某個廣告影片或平面廣告缺乏一個點子。爲什麼會這麼說呢？這些廣告不也是三十秒鐘的影像和音效？不也是滿紙的文字和圖像嗎？換句話說，這些廣告也是創意的作品啊！但是，的確有些廣告徒具廣告的形貌，而欠缺訊息在背後支撐。如果我們把影像、音效、文字和圖像從這些廣告裡抽離出來，會發現它們只剩下一個空殼子。好的點子不需要靠影像、音效、文字、圖像這些周邊元素也能成立。比方說，我們可以想出不只一百種方式改寫「別壓擠巧棉」、「葛林牙膏是爲無法餐餐刷牙的人而設計」和「請你搖一搖」。

對於巧棉來說，產品利益是柔軟；對於葛林牙膏來說，產品利益是長時間的保護；對於橘納來說，產品利益是天然成分。從它們出色的廣告表現裡，我們看出好點子可以凸顯產品利益。

點子不但可以爲產品利益找到正確的出路，還可以導引出突破的、創新的、革命的廣告策略，這就是「有創意的躍進」。在這裡，「躍進」指的是「由點子而策略」的這一大步，也就是怎麼把柔軟轉化爲「別壓擠巧棉」，以及怎麼把天然成分轉化爲「請你搖一搖」的過程。

一九八四年BDDP開張之初，我們在法國的行銷和廣告界，廣爲宣揚有創意的躍進。在那段時間裡，把這概念發揮得淋漓盡致的，除了橘納，還有麥斯威爾咖啡和海尼根啤酒（Heineken）的廣告。如果你用心觀察別人怎麼泡即溶咖啡，你會發現，大部分的人會舀起一匙咖啡粉，用一種不太確定的肢體語言把湯匙邊緣的粉末抖落，然後倒進咖啡杯裡。接下來，他還會從瓶子裡再舀出一小匙咖啡粉倒進杯子，目的是希望咖啡喝起來更香醇可口。仔細分析上述的行爲，我們發現消費者在咖啡的飲用習慣上，會以「量」作爲評斷「質」的標準，所以我們想出了一個點子：「有了麥斯威爾，一匙綽綽有餘。」

在英國，幾乎人人都熟知海尼根的廣告標語：「沒有任何啤酒能像海尼根這樣讓你精神大振。」在第一支用這個點子作出來的廣告影片裡，旁白者是一個科學家。他以權威的口吻說明他做實驗的結果：那一天，科學家邀請了好幾個蹓步蹓了一整天的警察來喝海尼根。在褪去了鞋襪、捲起了褲管以後，這群警察還是竭力以優雅、莊重的表情喝著啤酒。接下來，科學家仔細看每個人的腳，發現他們原本麻木、腫脹的腳趾頭逐漸恢復了動力，開始情不自禁地搖搖擺擺。這個結果證明，海尼根啤酒確實可以做到其他啤酒做不到的事情——讓身體每個疲憊的部位恢復活力。

接下來一連串的廣告，更是將「海尼根啤酒可以恢復活力」的主題發揮得更淋漓盡致。每支影片裡，海尼根啤酒解決一個相關的問題。比方說，音樂家的耳朵變得更敏銳了；划槳的手臂變得更有力了；威廉泰爾的箭瞄得更準確了；尼羅王的大拇指則運用自如，可以靈活地決定搏鬥場上武士們的命運等等。這樣的海尼根啤酒廣告至少製作了四十支。在一支比較近的版本裡，原本枯萎的植物，因爲海尼根的澆灌而再顯青綠。另外一支影片裡，原本帶著假髮的法官，在喝完一罐海尼根啤酒以後，發現他的頭髮不停地長出來。每一支廣告影片用

不同的方式傳遞同樣的點子，不但強化了這個點子，也讓躍進的效果持續得更久。

海尼根與橘納的廣告在電視裡播放了至少二十年，麥斯威爾的廣告則播放了至少十五年。在美國，博杜（Frank Perdue）食品公司以生產經銷肉品爲主，它「唯壯漢能烹嫩雞」（it takes a tough man to make a tender chicken）的廣告訴求沿用了二十年。長期以來，海倫仙度絲、福爵咖啡的廣告也一直沿用相同的點子。點子的力道愈強，路走的愈遠，更精確一點說，創意的力道愈強，愈可以激發創作的靈感，製作出無數意念「同」而表現「異」的好廣告。附帶說明一下，我們之所以要準備那麼多不同版本的故事，一方面是擔心同一支廣告播太多次會讓觀衆覺得無趣，一方面是因爲這些故事可以從不同角度切入點子的核心，並強化點子的效果。

讓我們回頭再聊一聊躍進這個概念吧。表面上，有創意的躍進也不過就是一個點子，其實不然。如果了解它的概念，我們可以清楚地辨認賣點的好壞——絕佳的賣點，一定隱含著某種突破與躍進的點子。相反地，欠缺躍進的賣點，充其量不過是舊瓶裝新酒，既無新意，也無力量。

很多廣告缺少好的賣點。這些廣告的要求不多，只想隨便拼湊一些文字來搪塞。如果你刮去文案的糖衣，會發現這些廣告根本沒有任何點子。我們也很少在這種廣告裡看見強烈的視覺效果，因爲它們只想用最省事的方式（例如直接把文字轉換爲簡單的影像）把話說完就算。這些廣告的致命傷之一就是視覺的空洞、淺薄，它們缺少海尼根與橘納廣告蘊含的創意火花與那些爲商品帶來生命力的影像。

有創意的躍進好處多多。它讓消費者用不同的角度看商品、論商品；它讓消費者在毫無預警的情況下改變想法，接收訊息。創意躍進就是麥斯威爾的「一匙綽綽有餘」，以及海倫仙度絲的「第一印象」。有創意的躍進讓消費者發現，自己不自覺地對某個品牌產生全新的看法。就像在海尼根與橘納的廣告播出以後，消費者對於這兩個品牌的印象完全改觀：橘納不再只是一瓶冒著泡泡的橘子水，而是有史以來第一個要求我們先搖後喝的天然果汁；海尼根不再只是一瓶啤酒，而是可以讓身心恢復活力的動力飲料。

有創意的躍進也是一種讓產品再生的方法，因爲它們可以賦予產品額外的生機。因爲躍進，沈寂許久的品牌由此重出江湖，引人注意。這些品牌的行銷史被分爲躍進前和躍進後兩個階段，而分水嶺就是一個有創意的躍進。一個有創意的躍進，就是顛覆主張的前兆、指標、基本觀念。關於這一點，以後的章節會詳述。

## 王牌廣告

躍進不僅可以幫助客戶行銷商品，還可以成爲廣告人的工作利器，讓廣告企劃的過程更臻完美。比方說，它可以讓創意人員與業務人員明白分辨，什麼才是有價值的廣告，進而促使他們發展出有效、有新意的廣告策略。體育場上每一次的跳躍，都從一個起跳點開始；一個具啓發性的廣告策略，正是創意威力最好的發射台。

但是從實際運作的層面來看，光用躍進的概念還是無法完全解釋某些廣告成功的原因。比方說，可口可樂的「就是可口可樂」（Coke is it）系列、百威啤酒的「這是你的百威」（This Bud's for you）系列，以及美國運通信用卡的「出門別忘帶它」（Don't leave home without it）系列，都是著名的成功廣告案例，但是，這些廣告只不過是把自己的廣告策略說出來，並不符合躍進的概念。換言之，除了一個有創意的躍進以外，還有別種道理存在。上述的這些成功案例，遵循的就是另外一套作業邏輯——王牌（leadership）策略。

到底什麼是王牌策略呢？王牌策略有兩個缺一不可的條件：其一，產品必須是市場領導品牌；其二，廣告對於這類產品的行銷確有其必要性。這種廣告的方式，是由幾個穩坐市場王座的品牌（例如可口可樂、AT&T、百威啤酒等等）帶動起來的。這些品牌廣告的首要之務，是展現出武林盟主的氣魄，而且絕對不能流露出一點點小家子氣。到後來，廣告的聲勢不僅與品牌並駕齊驅，有時甚至凌越了品牌本身。

王牌廣告通常取材自生活形態或流行文化，因此很容易引起消費者的共鳴。可口可樂不只是可以解渴的碳酸飲料而已，早從一九四五年開始，它就是某種生活形態的象徵。地中海俱樂部（Club Med）不只是渡假村而已，它還象徵找尋自己、發現「新」我的心路歷程。

這些廣告當然不會大聲嚷嚷「我們是第一品牌」，它們從不明說自己的領導地位，卻讓消費者不斷感受到市場領導品牌的氣勢。它們會擺出世界級的派頭，或者上層樓。就像一個客戶對我說的：「這些領導品牌的廣告寧可向浩瀚的宇宙挑戰，也不會把地球上的競爭對手看在眼裡。」

王牌廣告呈現的方式林林總總，實在很難說得清楚。但是，它們有一個共同點，那就是「無與倫比」。比方說，耐吉運動鞋與賀軒卡片（Hallmark），就創造了一種自己品牌獨有的語彙。而這種自成一格的表現風格，大大提高了競爭對手攻擊的困難度。

王牌廣告的重點不在於「我的產品是不是市面上唯一可以符合這種廣告訴求的產品」，而是「如果用了這支廣告，我的產品會不會被認爲是這類商品的龍頭？會不會讓其他的品牌無計可施」。本來，只談商品類型而不提自己的品牌，是廣告人的兵家大忌，但是王牌策略故意如此，將「忌」就計。

王牌廣告掠奪了競爭對手的廣告空間，只剩下少少的轄地讓其他的競爭品牌分而食之。在歐洲，艾維恩礦泉水（Evian）與雀巢咖啡一直是市場龍頭品牌，它們的競爭對手只剩下一點點的空間。類似的例子，還包括美國的麥當勞與李維牛仔褲（Levi's）、英國的英國電信（British Telecom）和著名的服裝品牌聖思伯里（Sainsbury）。王牌廣告有一種簡單、權威、沈著的調性，這種調性讓消費者接收到一個明確的印象：這是爲我設計的產品，這是我的品牌。

市場領袖應該多打動消費者的感情，而非以理性喊話。柯達軟片（Kodak）、AT&T、新加坡航空（Singapore Airlines）等，皆是運用情感訴求的個中高手。廣告從「解決問題」、「面對面比較」這些硬邦邦的手法一路走來，是到了該用軟調來討人喜歡的時候了。二十多年以來，美國郵政局、賀軒卡片、可口可樂的廣告影片，深深打動了消費者的心。即便美國廣告向來標榜實用主義與功能展現，能打動人心的廣告，還是佔有一大片地盤。

一定有人會問：「難道只有市場領導品牌才能做王牌廣告嗎？」當然不是。市場挑戰者或初加入戰局的品牌，都可以在廣告裡把自己塑造爲市場領袖。這種手法可以加速商品成功的腳步，原因是消費者往往只憑藉廣告勾勒出的表面印象來判斷商品的優劣。

蘋果電腦一開始就明白一個道理——要存活，唯有壯大，而且還得讓自己被視爲具影響力的市場領袖。一九八四年，史迪夫．賈柏斯（Steve Jobs）買下了某一期《新聞週刊》（*Newsweek*）全部的廣告版面，爲蘋果電腦「一九八四系列」廣告造勢。不僅如此，他還把「一九八四系列」的效果放大爲輿論話題與社會焦點。百事可樂的策略也是如此——它爲自己打出未來世代接班人的招牌。百事可樂系列廣告宣誓的意味是毋庸置疑的，它宣稱自己走在時代尖端：是新世代的最愛。試問，還有什麼訴求比「新世代的選擇」更具權威感呢？

事實上，廣告公司要不要使用王牌策略，關鍵不在於客戶是市場領袖還是挑戰者，而在於了解客戶的定位與企圖心何在。如果一個品牌急欲開疆闢土、鞏固自己的地位、削弱競爭對手的還擊能力，王牌廣告是個上上之策。相反的，如果一個品牌不想樹敵太多，不妨改走其他路線。對我來說，廣告企劃的第一課，就是想淸楚，一個品牌應該用市場領袖還是挑戰者的口吻說話。

## 點子·領土·價值觀

有創意的躍進與王牌廣告這二者，看起來是兩種截然不同的廣告手法。但是，我們有沒有辦法化解兩者之間的歧異，甚或整合兩者的力量呢？

其實，顛覆主張的目的就是把不同的廣告手法整合在一起。在顛覆主張的方法具體成形以前，我們通常依據概念把廣告表現分爲三種類型：點子、領土與價值觀。橘納與海倫仙度絲的廣告屬於第一類，因爲它們的廣告奠基於一個淸楚的點子上——更精確的說，是在一個賣點或是一個有創意的躍進上。李維牛仔褲與萬寶路香菸（Marlboro）的廣告，則明顯地在開發一塊屬於自己的領土。耐吉運動鞋和蘋果電腦的廣告屬於第三類，因爲它們呈現了品牌所代表的價值觀。這三種廣告表現的分類方式讓我們受益匪淺。在解釋有創意的躍進時，我們花了不少篇幅討論點子和賣點，現在讓我們來了解一下，什麼是領土的界定，什麼是價值觀的塑造。

### 領土的界定

根據字典的解釋，「領土」就是管轄權所及的區域。對廣告人來說，領土是用廣告爲品牌創造的一組符號；任何人看見這組符號，就會想起它所代表的品牌。比方說，萬寶路香菸有一句著名的廣告詞：「回到粗獷豪邁的西部世界」。它的廣告裡少不了著名的牛仔形象：皮膚黝黑、眼珠湛藍、凝視著畫面盡頭的地平線。這些牛仔正是萬寶路用以界分領土的符號。我們太熟悉這些牛仔粗獷的調調了，他們是男性化的表徵，他們爲萬寶路添增了充滿想像力的附加價值。李維牛仔褲也用過類似的手法。它自詡爲六〇年代美國加州的嬉皮精神代言人，以隨興與叛逆，圈出品牌的領土範圍。

一九六一年，寶鹼公司自萊雅公司（L'Oreal）手中買下了夢香皂（Monsavon），作爲進軍法國的第一步。十年之後，夢香皂的市場佔有率大幅滑落，所以寶鹼決定不再繼續投資。這時，夢香皂的品牌經理做了一個重要的決定，挽回了產品沒落的命運。他決定換掉產品的包裝，改回原先古板、甚至有點落伍的圖案，讓產品回到最初的定位：簡單。在一支廣告影片裡，膚質光潤、神清氣爽的年輕女孩對著鏡頭說：「我不喜歡複雜的事情，所以我用清水和夢香皂洗臉。我喜歡夢香皂。它很簡單，有牛奶和些許薰衣草的香味。而且，它洗得乾淨，這是我對香皂最大的要求。」結尾時，旁白說：「夢香皂就是這麼簡單：它尊重皮膚的細緻、敏感。」今天，夢香皂是市場第一品牌。

沒有什麼商品比香水更懂得領土策略。它們擅用各式各樣的主張來界定自己的轄區，情趣、遠離、亢奮、誘惑、異趣、暴力、詭譎、古典、鄉村生活等等，都是香水用過的領土封號。比方說，以超現實主義作爲品牌定位的香奈兒香水，就曾經因爲邀約消費者來「共享幻夢情趣」，而奠定了它在美國市場發展的基礎。

BDDP在法國成立的頭幾年，我們運用領土策略，爲兩個不同性質的客戶企劃了用以扭轉品牌印象的廣告。第一個客戶羅迪（Rodier）是一個成衣的品牌。長久以來，羅迪服裝被認爲有點古板、保守，所以客戶希望透過廣告讓品牌年輕化、進而打動年輕消費者的心。爲了達成這個目的，我們決定塑造一群現代摩登的新女性作爲廣告主角。這些新女性頗有主見，而且拒絕遵循以男性意識爲中心所發展出來的社會遊戲規則。在一支羅迪的廣告影片裡，一個女人在機場遇上了大罷工。她不但不焦慮、煩躁，反而調侃說：「碰到機場罷工，只好算吉米倒楣，亨利走運啦！」在另外一支廣告影片裡，一群工人對著路過的女子大吹口哨，女子絲毫不掩其得意神色地說：「恐怕得花大筆鈔票，才能阻止他們對我吹口哨！」羅迪廣告選用的調性可謂服飾業的創舉，因爲在此之前，從來沒有人用眞性情和幽默感來勾勒廣告中的女性，而這種女性宣言，也成爲羅迪服裝用來界定勢力範圍的最佳工具。

第二個客戶波多酷茲（Porto Cruz）是葡萄牙進口的葡萄酒。假如說，西藏是天空與大地之間的國度；西班牙的巴斯克地區崇尚強悍；而希臘是海的故鄉，那麼——借用同樣詩意的描述方式——出產波多酷茲酒的地方，「連黑色都是一種顏色」。波多酷茲酒的領土範圍是：眞實原味。還沒有第二個葡萄牙出口商品用這種方式說話。

萬寶路、夢香皂、羅迪、香奈兒和波多酷茲這些品牌，都是採用領土策略的成功個案。它們在同類型商品之中爲自己建構一塊專屬的領域，在我們心底佔據一席之地，留下難以磨滅的印象。

## 價值觀的塑造

品牌不僅可以界定自己的領土，還可以建立自己的價值觀。價值觀的塑造與運用，就是我們要在這個部分討論的主題。

奈特（Phil Knight）用這樣一段話來說明耐吉運動鞋的廣告策略：「耐吉的廣告，展現的是戰鬥力、決心、成就、樂趣，以及運動帶來的心靈慰藉與回饋。」威凱廣告公司（Wieden & Kennedy）曾爲耐吉企劃過一些知名的廣告，但在我看來，奇雅德廣告公司（Chiat Day）接手以後，才正式爲耐吉的英雄傳奇揭開序幕。在這裡，我想談一支讓我印象特別深刻的廣告影片。這支廣告只用一個固定的鏡頭拍了一整場戲：一個男人從遠方朝著鏡頭跑來，然後縱身一躍，落在鏡頭正前方。這個男人就是劉易士（Carl Lewis），而廣告影片花了足足三十秒，用慢動作呈現他起跳、飛躍、落地，和沙石濺起，滿布鏡頭的過程。在這個過程裡，劉易士的聲音響起：「我生平第一次跳遠很可笑，只跳了九英呎，但我對自己說：『別放棄』。高中的時候，我總是得第二名。當時，我可以就此放棄跳遠，但我仍然相信一個人不可以輕易放棄。一旦這信念成爲你的信仰，你的成就將難以限量。」

超越自我的意識形態於焉誕生，伴隨而來的，是我們對於體能和體態的崇拜。耐吉的廣告從此成爲一種價值觀的體現，後來由威凱廣告企劃的口號：Just do it!，更加發揚光大了這種價值觀的訴求。

幾年以前，法國數一數二的春天百貨（Printemps）推出了一系列意圖鮮明的廣告，告訴每個人應該多相信感覺。少仰賴理性，而且，應該保留更多的空間給自己的感覺。在春天百貨的藍圖裡，百貨公司是一個自由自在、遠離塵囂的場域；在百貨公司裡，人們可以隨意遊蕩，到處張望，豐富另類的感官經驗。相形之下，其他商店的購物經驗就顯得閉塞而嚴謹多了，彷彿把人禁錮在一個純理性的世界裡。根據廣告主的描述，爲春天百貨企劃廣告的創意人生產了一系列平面稿，以罕見的視覺並置效果牽動我們的情緒，引爆我們的感覺。第一則廣告裡的女子凝視著遠方的地平線，與畫面左方鐵軌向前無限延伸的感覺相互對應；第二則廣告裡，畫面左側的女子交叉雙手，其角度與畫面右側的一匹馬交錯的雙腳相同；這些廣告蘊含著同一個主題：與感覺密談，暗示著春天百貨可以成爲感覺源源不絕之地，是一切感覺的中心。

在法國，達赫地（Darty）代表信任，華榭（Hachette）代表狂熱，米其林（Michelin）代表嚴格；就像在美國，蘋果電腦象徵自由主義的復甦，百事可樂象徵年輕與活力，歐蕾象徵永遠的美貌，鈦星汽車象徵美國人不認輸的精神，而AT&T象徵對於未來的承諾一樣。這些品牌懂得如何提高文字訴求的層次，把自己的品牌塑造得像是時代的英雄。這類廣告強塑的價值觀，其實就是創

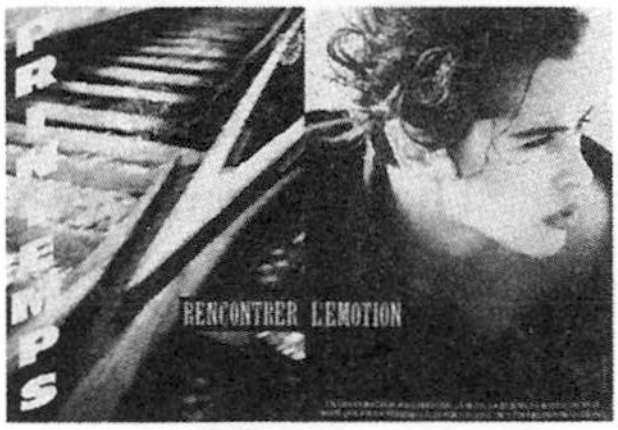


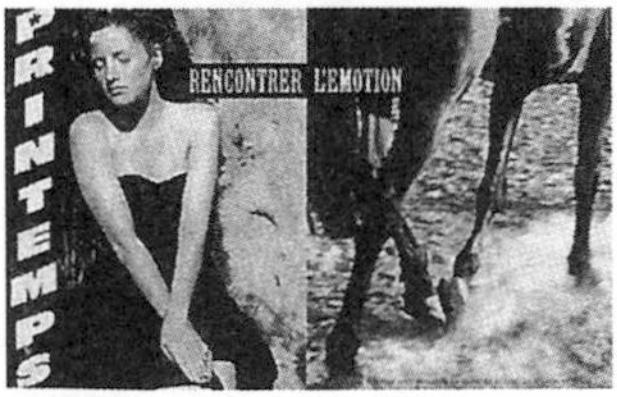

造英雄神話不可或缺的元件。保時捷跑車有一句廣告座右銘：「與自己的競賽，是一場唯一無法獲勝的競賽」，正是最好的證明。

歸納起來，以點子爲訴求，所策動的是概念；以領土爲訴求，所打動的是感官；而以價值觀爲訴求，運作的是情感。只要掌握這三種廣告的手法，我們就可以有效地透過廣告與消費者溝通。

## 點子與想法

在上節裡，我們把點子、領土與價值觀分開來談，似乎暗示著，凡是以領土和價值觀爲概念的廣告就不需要賣點。這種說法雖不中亦不遠矣。比方說，羅夫羅蘭（Ralph Laurent）的廣告只需要提示品牌 Polo，點出新英格蘭地區的貴族氣派即可，這樣的手法是典型的領土界分。在羅夫羅蘭的廣告裡，我們看不見具體的賣點。當耐吉鼓舞我們要超越自己、以 Just do it 來互相勉勵時，用的是標準的價值觀訴求。如果說這樣的廣告有任何「點子」，大概也僅止於製作手法的翻新而已，賣點絕不是耐吉廣告的核心意識。領土也好，價值觀也好，羅夫羅蘭與耐吉這類品牌的廣告手法都非常明確——把某種意識或形態據爲品牌所有。對這些品牌來說，表現自己就夠了；它們不需要像橘納、海倫仙度絲與海尼根啤酒那樣，非得經過一個躍進的過程，才能發展出有效的廣告點子。

我們用點子／領土／價值觀作爲廣告分類標準的方法已久。它讓我們從較多的角度切入市場，也讓我們可以分辨，何者需要一個有創意的躍進，何者不需。如果不需要，我們便研判，客戶是否適用領土訴求或價值觀訴求。並非所有的廣告都需要有創意的躍進，波多酷茲、羅迪與春天百貨這些品牌，從未在廣告裡提及任何與產品功能有關的訊息，還是可以企劃出許多家喻戶曉的好廣告。

與其說這些運用領土或價值觀訴求的廣告缺少與產品功能相關的「點子」，不如說它們其實是奠基於「想法」的創意。我們不妨進一步比較一下點子與想法的差異。

搖一搖橘納和喝海尼根啤酒精神大振，是點子；夢香皂的回歸簡單和耐吉的激勵人心，則是想法。點子是一個原創的、解決問題的方法，是一個新的發現。點子是直觀的、頓悟的、靈光一現的；不管花多少時間作準備工作，廣告人還是沒有把握一定能夠想出好的點子；點子的產生意味著思考上的跳躍。作家愛德華・柏諾（Edward de Bono）把點子視作「一種邏輯的反推」，就是因爲通常只有在點子產生之後，我們才回頭推想出如何解釋這個靈感。

想法則不同。想法通常是循序漸進的；它是一種知性的見解，一種對事物的看法。它的形成往往綜合了多方面的意見。新奇又有力的廣告點子總是讓人耳目一新，比方海尼根啤酒說：「其他品牌啤酒不能讓你爽快的部分，海尼根可以做到。」但是，一個提出新定義與新主張的廣告想法，卻可以說服人，例如 Just do it。簡單地說，好的點子讓人驚艷，好的想法則讓人信服。

點子可以很棒，而凡是想法總是很美的。

# 2

# 開發不一樣的尾燈

## 以創意通往突破

我們往往視自己的產品或服務爲
神聖不可侵犯的禁地。
我們總是怯於更動產品的配方或服務的形式，
只是一味想著，
可以靠廣告來強塑品牌的價值。
其實我們應該經常提醒自己，
勇於挑戰且願意改變的決心，
已是一個品牌最好的廣告。

讓我們暫時離開廣告,從不同的角度來談一談這個章節的主題——中斷(discontinuity)。不管在那一個領域裡,中斷都是進步的根源、核心,對於顛覆主張來說尤其如此。

如果你聽過或讀過《紅果叢林》(*Rubyfruit Jungle*)、《一之六》(*Six of One*)等這些作品,你一定知道它們的作者麗塔・布朗(Rita Mae Brown)。麗塔不但是個小說家,還是詩人、譯者、編劇、評論人,並在社會活動上十分活躍。在她的每一本著作裡,我們可以看得出,她總是不遺餘力地挑戰所有的約定俗成,而且她痛恨思想的怠惰停滯。比方說,在某一本書裡,她為「愚笨」下了一個尖酸刻薄的定義:「愚笨就是反覆地做同一件事,卻奢望得到不同的結果。」

我們不知道自己的想法其實大同小異。有時候,我們自以為想出了一些曠古絕今的主意,但多半這些想法只是拾人牙慧,頂多添加了一點點個人色彩而已。換言之,我們活在一個沒有什麼變化的世界裡。這樣的世界,在商學大師湯姆・彼得斯口中,乃是一個「雷同之海」;法國當代哲學家讓・柏德亞(Jean Baudrillard)則稱之為「一個影印的世界」。

面對這個事實,所有的企業都明白不應該墨守成規。然而,他們卻不知道,這樣的想法讓自己掉進了另外一套成規裡,變得與其他的企業更加雷同。這個「另外一套成規」指的是企管專家們為了組織創新所發展出來的金科玉律。舉例來說,愛德華・柏諾曾經給企業三個建議:第一,以結構改造的手段作為企業再生工程的基礎;第二,用精簡人事和資源的方法來降低生產的成本;第三,根據效益的邊際曲線來決定產品的品質和服務的水平。由於大家一窩風遵循這些法則，使得企業追求改變的結果反而毫無新意。

再說，這些金科玉律本身也有問題，比方說，企業再生，可能會使得人力資源與營運方向偏離原來設定的目標，因此錯失了突破的良機。邊際效益的觀念也有問題。在運用邊際效益評估產品的競爭能力、並藉此修正行銷方向的同時，企業很可能因此犯下「人無遠慮，必有近憂」的錯誤，剝奪了產品長程發展的可能性。從邏輯來看，用邊際效益來修訂行銷策略是一種「後設」、而非「前瞻」的觀點。換言之，邊際效益絕對不是企業通往突破的道路。

創意才是企業通往突破的道路。如果我們老是用結構改造、企業再生與邊際效益這一套來評估每一個客戶，還剩下多少可供創意發揮的空間呢？

在這個激烈競爭的環境裡，我們不能再沿用祖傳妙方了。我們應該放棄過往的習慣，克服對於未知的恐懼，我們應該無畏於改變，勇於經營創意。更精確的說，我們必須了解創意與改變之間的關係——創意就是管理改變的方法。

## 改變就是中斷

我們可以用兩種方法來想像一個品牌的未來。第一個方法是先設定一個未來，然後一步一步朝未來邁進，用推演方式找出一個方向。第二個方法則是不設定未來，而是一次走一步，依據對於品牌的直覺、競爭環境的動態與經濟的狀況，逐日調整行動。

第二個方法看起來風險較高，其實不然，反而是一條明智且唯一可行的道路，因爲推演往往是致命錯誤的根源。我們可以堂而皇之地說推演難免有誤差，但推演出來的結果鮮少眞的是最後結果。我們的確很難由當下推知未來。

查爾斯·漢狄（Charles Handy）在著作《不理性年代》（*The Age of Unreason*）一書中，認爲在我們所處的這個時代裡，「唯一爲眞的先見，乃是沒有任何先見爲眞」。在他的觀點裡，連「改變」的定義也變了，他說：「過去的改變大同小異，一次變好一點點；現代的改變則是徹底的中斷，不連續。」換言之，改變不再遵循類似的、小幅的脈絡。這也正是爲什麼我們應該由裡而外、由上而下徹底顚覆以往的思考。

「集沙成塔，集腋成裘」的想法，不見得適用於所有情況，但是很多企業仍然擁抱這種想法，不肯放手。結果是，在這裡搞一點產品改良，在那裡做一點產品延伸，完成了一些簡單的動作，就自以爲是企業重造了。這種做法只做出了改變的幻象，與眞正的改變完全背道而馳。

儘管說的方式不同，但幾乎所有的商業書籍都強調這「改變不是由累積而來」的觀點。比方說，在查爾斯·海勒（Charles Heller）的眼中，企業周遭的環境是難以預期的，所以「你需要的是有新意、有創見的中斷策略」。麥可·漢莫（Michael Hammer）曾說：「每個企業都可能被好幾代以來因襲的成規誤導」，所以，他認爲企業策略規劃的目的，就是要找出並且逼退這些過時的規則。羅柏特·湯馬斯（Robert Thomas）則認爲：「一個企業突破的程度，取決於它願意跳離由市場需求角度來看事情的程度。」柏諾認爲，水平思考法（亦即跳躍式的思考模式）是擺脫傳統束縛的好方法。這些作者都努力地從約定俗成的想法裡跳脫出來；他們都在傳授中斷之道。

值與不值、做與不做之間，只有一線之隔，而能否突破，就在這一念之間。很多人會高談闊論，卻因爲沒有勇氣面對改變的結果而裹足不前。大部分的時候，中斷會造成企業文化的大幅轉型、企業觀點的巨大變動。

## 轉換觀點

在商場上，尤其是在股票市場裡，「不確定」是一個不受歡迎的概念。中斷象徵著一連串快速、不可測知的變動，所以企業往往排斥任何與不連續有關的想法。可是，只要走出商業的領域，我們會發現，中斷對於人類文明的貢獻比比皆是。

我們所處的二十世紀，看著「連續主義」（由十九世紀實證主義延伸出來的主張，認爲一切進步皆爲按部就班而來）崩塌，爲它的解體做了最好的見證。這種崩塌解體發生在每一個領域，從自然、科學到藝術。

在自然的領域裡，生物演進的連續概念一直受到廣泛質疑，很多人都指出，達爾文的進化論之中有不少失落的環節。看起來，生物的進化不但取決於優勝劣敗，也和努力跳脫平衡的現況有關。法國文豪伏爾泰（Voltaire）曾說，人類不應該假設「大自然不會躍進」，此可謂眞知卓見。

在科學的領域裡亦復如此。本世紀以前，科學史不過是點滴智慧的積累，一個「一次追求多一點完美」的連續體而已。牛頓無懈可擊的等式開啓了一扇窗，讓我們得以鑑往知來。從那時起，這種重視延續性的決定論就主導了科學界。然後，每一個世代都有屬於自己的學術性科學，形成一種傳統，發展成一套典範，然後，某一天，典範之中可能迸出一個特異的、不按牌理出牌的想法，迫使科學家不得不捨棄連續性，開始尋找新的解釋。

與「累積」知識相較，「發現」或「發明」知識可以帶給我們更多收穫，原因是發現與發明打亂了我們原有的知識網絡，提供了不連續的全新觀點。例如氧氣的發現改寫了近代的化學元素表，而英國學者麥克斯威爾（Maxwell）的等式，則影響了愛因斯坦的理論建構。

每一次重新對焦或改變立場，就可能看見過去視而不見的主體，就可能醞釀出躍進、突破的火花。在哥白尼之後，新的星球不斷被發現；在伽利略之後，鐘擺現象變得淸晰易見；史蒂芬・霍金（Stephan Hawkin）的大爆炸（Big Bang）理論，提出了宇宙生成的理論。這類型的例子不勝枚舉。只要我們轉換觀點，「不連續」可能正是新機會誕生的契機。

在衆多學門之中，現代藝術可能是唯一視中斷爲常規的領域。現代藝術的誕生可以追溯至一九〇七年，也就是畢卡索完成其著名畫作《亞威儂的女人》（*Demoiselles d'Avignon*）那一年。在那之前，藝術家和一般民衆一樣，認爲二十世紀的藝術既然是由傳統藝術而來，當然是傳統藝術的一部分。事實上，從文藝復興時代透視法的出現到二十世紀初期，繪畫的唯一目的就是再現眞實，所以藝術界一直遵循著寫眞、寫實的畫風。藝術爲了再現，複製乃是必然。然而，現代藝術的出現打破了美學的慣例，引發一股風潮。現代藝術大師考克多（Jean Cocteau）曾經說過：「美是創造出來的，而非出於複製。」接下來的藝術流派如立體派、抽象派、超寫實派、印象派與流行藝術等等。都奉考克多這句話爲圭臬。打破成規，與前一期的風格完全決裂，因而得以自創新的風格。

音樂界也是如此，傳統樂派的作曲原則，在現代作曲家的筆下幾乎不見蹤跡。普魯斯特（Proust）與喬埃思（Joyce）這些現代文學家，也徹底顛覆了傳統文學，甚至傳統文法的遊戲規則。簡言之，在藝術的領域裡，每一項運動都與之前的傳統對立。著名的義大利符號學家、社會學家兼小說家（代表作包括《玫瑰的名字》）安柏特・伊可（Umberto Eco），用兩個拉丁字來描述現代藝術不斷突破的現象：*cogitus interruptus*，意思是以打斷的方式出現。

這些例子乍看似乎離廣告有一段距離，但是廣告人的眼光應該放遠，從高遠處得到新的激勵。很多人覺得廣告的工作漸漸變得乏味、單調，我認爲，這其實是因爲我們從未挑戰這個行業約定俗成的部分。在廣告這個自以爲前進的領域裡，成規遠比我們想像的要多。

一九六〇年代，比爾・波貝克、大衛・奧格威（David Ogilvy）與瑪麗・威爾斯（Mary Wells）這些廣告人，的確帶動了一波創意革命的風潮。但自此之後，廣告便裹足不前，少有長進。雖然很多人視廣告爲變動與突破的場域，現今大部分的廣告公司卻變得愈來愈保守。對於廣告業來說，現在正是下定決心向其他領域看齊的時候。不管是科學家的發現還是藝術家的突破，都顯示了這些決絕的思想家不畏改變的勇氣，足堪廣告人借鏡。

## 尋找新做法

我十歲的時候，單憑汽車的尾燈，就能夠辨認出它是凱迪拉克還是雷鳥。然而今非昔比；現在的標緻三〇五看起來像雷諾九號，本田汽車則長得與三菱差不多。不同的汽車廠商，根據相同的消費情報，作成一樣的結論，於是就有了類似的產品。

不過，倒也不是沒有例外。由於廠商逐漸意識到產品標準化的潛伏危機，因此不少企業嘗試開發與現有競爭對手截然不同的產品。這種企業尋求新做法的企圖，一般可分成三種形式。第一種形式是「技術創新」，例如新力與佳能（Canon）每隔一陣子就開發出一款新產品。第二種形式是「價值附加」，也就是爲產品或服務添油加料，以便在市場上取得更有利的競爭位置，美國的諾德史壯（Nordstrom）百貨公司和英國的特斯科（Tesco）超級市場都是這一類型的代表。第三種形式是「定位塑形」，當一個企業在技術上難以創新，又無法以附加價值來強化產品功能的時候，可以嘗試塑造一個特殊的品牌定位，藉此吸引注意、建立好感、爭取認同。

## 技術創新

新力是技術創新的最佳例證。對於新力來說，其他競爭者既有的成就，只不過是有待推翻的傳統而已。新力的松田秋雄總是說：「消費者不知道可以發展到什麼程度，但我們知道。」

新力推出的產品都很成功，因爲它始終顧及顧客的需求與慾望。新力的產品不但挑戰競爭對手的生產技術，也挑戰自己既有產品的技術水準。蘋果電腦也是技術創新的成功案例。它捨棄電腦術語，改用人性化的語言與使用者溝通，促成了個人電腦世代的來臨。另外一個例子是佳能公司，它投注了大量資金與人力在個人影印機的研發上，不到幾年的工夫，就打敗了以生產辦公室影印機而稱霸市場的全錄公司（Xerox）。蓮花（Lotus）是一家著名的電腦軟體公司，多年前，它研發了第一個試算表（Lotus1-2-3），改寫了企業的面貌；十年之後，它又率先推出了備忘錄式的產品，突破了既往電腦軟體產品的功能範疇。

在科技導向的市場裡，創新就是突破。從上一代產品發展到下一代產品，通常都得靠技術上的躍進。尤其像電腦、影印機、汽車、飛機這類產品，技術進步之快，往往出乎我們的意料。克萊斯勒推出九人座小客車（minivan）時，宣稱自己是一輛「在最恰當的時候推出的最適合車型」，成功地把人潮帶進久來無人問津的賣場。還有，自從研發出自黏便條紙（Post-its）和可重複使用膠帶（Scotch tape）以後，3M幾乎每個星期就有創新產品問世。

我們常常認爲技術創新是某一類型產品的專利。當我們提起「科技創新」這四個字，腦海中浮現的，多半是耐久財（例如電腦、汽車），而非一般消費性商品（例如食物、飲料）。對於消費者而言，消費性商品的創新，大概就是包裝的更新，或成分的增減罷了。這種想法並不正確。

舉個例子來說，英國有個啤酒的品牌叫做「純麥啤酒」（Whitbread Breweries），多年以來，這個牌子一直以科技與競爭品牌較勁，它研發出一種擁有專利，可以保存啤酒口感與泡沫的裝罐方式，消費者因此可以在酒吧裡享受到幾乎可與生啤酒媲美的甘美、香醇。純麥啤酒以「來自曼徹斯特的濃郁泡沫」爲訴求，成爲英國最受歡迎的啤酒品牌之一，它的故事證明了科技創新並非昂貴商品的專利，即使是啤酒品牌，突破也可能由科技而來。

丹酪（Danone）食品公司的「生活」（Bio）優酪乳產品，是另一個因科技突破而成功的例子。丹酪的創辦人丹尼爾·卡羅素（Daniel Carasso），在一九二〇年代將優酪乳引進法國。長久以來，丹酪一直覺得保持傳統要比創新重要，然而，「生活」優酪乳的上市改寫了這種保守的傳統。「生活」優酪乳含有兩種特殊成分，不僅可以幫助消化，還可以加強免疫系統的功能。一直到現在，丹酪每年可以在法國賣出五萬公噸的「生活」優酪乳。

在美國非常暢銷的冷凍甜點「士力架」（Snikers）也是因科技而受惠的品牌。它只花了五個月的時間，就躍上第一品牌的寶座。許多例子證明，科技創新的概念在食品業也行得通。

足以在食品、飲料業成功的祕訣，自然也適用於其他產業。李維牛仔褲就深諳此道。當其他品牌疲於奔命地追趕流行時尚的時候，李維牛仔褲創造了「達克」（Dockers）這個介於牛仔褲與西裝褲之間的卡其休閒褲系列。這個系列勾勒出一種新的生活形態，它所帶來的衝擊，幾乎可以與二十年前的牛仔褲相提並論。目前「達克」系列佔李維牛仔褲全球總銷售量的百分之二十，再次證明了創新的概念無往不利。

## 價值附加

如果你不擅發明，則不妨爲產品「加料」。有一個故事是這樣的：一個憤怒的客人拎著一對輪胎到諾德史壯百貨公司的顧客服務處要求退錢，雖然諾德史壯不賣輪胎，服務人員還是退還了足額貨款。還有什麼例子比這個故事更能凸顯諾德史壯以客爲尊的承諾呢？關於諾德史壯重視顧客滿意度的故事說都說不完，這只是其中的一則。但不管這些故事是眞是假，它們的流傳把諾德史壯描述成一個服務至上的百貨公司。客人競相走告在諾德史壯購物的經驗，每個人都把自己的故事說得活靈活現，這種情況只有一個合理的解釋，那就是諾德史壯確實提供顧客無與倫比的服務品質。

基本上，諾德史壯要求每一位店員爲客人準備一套完整的服務，這一連串的服務包括購買建議、試用試穿、更換貨物、免費包裝、結帳與退錢。店員甚至會陪著顧客從一個部門逛到另外一個部門。諾德史壯的創新就在「一人服務到底」的概念裡。正因如此，諾德史壯不但成爲加州乃至全美最令競爭對手感到頭痛，並且競相模仿的百貨公司，也成爲全世界連鎖百貨業的龍頭。

在我所有從事零售業的客戶中，沒有一個不曾光臨諾德史壯去學習它的優點。當然，當你爲產品添加附加價值時，你也必須相對付出一些代價。與競爭對手比較起來，諾德史壯必須雇用較多人手。但是，從過去十五年銷售量成長七倍的業績看來，些微超重的人事負擔其實相當划算。

「家庭補給站」（Home Depot）也爲自己的產品增添了附加價值。在這個大型家用物品連鎖店裡，每一個售貨人員都由工匠轉任，有些是木工，有些是水電工，還有些是園藝工作者。它的廣告標語是：「不會錯過任何細微末節的幫手」。特斯科是一家英國的超級市場。在特斯科退還貨品，服務人員絕對不會問顧客任何問題；帶著小孩來購物的媽媽們，可以把車停在最靠近店門口的保留車位裡；當媽媽忙著買東西，還可以把孩子暫托給服務人員；爲了滿足顧客的需求，特斯科不但延長週末的營業時間，還爲忙碌的上班族準備了立即可食的餐點。不僅如此，特斯科還在通勤頻繁的火車站附近開設許多家「鐵路便利商店」。正因爲這些有效又具體的服務，特斯科的業績已經攀升爲市場第一，還在「特斯科認同卡」發行之初，擁有超過五百萬人登記申請該卡的傲人成績。

以增添產品附加價值作爲企業突破手段，並非服務業的專利。比方說，「哈根達士」（Häagen-Dazs）冰淇淋專賣店不認爲自己只是普通的冷飲店，而星元（Starbucks）咖啡專賣店也不把自己當作一般的咖啡店。它們認爲消費者在店裡買的不僅是商品，而是一種愉悅的經驗。它們的成功改寫了冰淇淋和咖啡的行銷史。

從上市到現在，「班與傑利」冰淇淋（Ben and Jerry's）一直從營業額裡提撥固定百分比捐給慈善機構；雨林休閒點心（Rainforest Crunch）用營餘來挽救全世界的雨林。這類社會善行，爲品牌創造了與其他競爭對手不同的形象。根據渥克研究基金會（Walker Research Foundation）於一九九四年所做的調查發現，超過百分之五十的美國人，願意多花一點錢購買具有社會公益形象的商品。

如果產品創新不可行，你應該把注意力放在如何爲產品增添一些附加價值。如果你做的像哈根達士冰淇淋和星元咖啡一樣好，也算是貨眞價實的突破。

除了「附加」之外，有時「酌減」也不失爲好策略。宜家家具（IKEA）縮減人手，美體小鋪（The Body Shop）改用簡單、環保的包裝，正是它們各自的成功之道，足證減法的概念也可能爲企業帶來新觀點。

由星元、特斯科與諾德史壯的例子可知，突破絕非科技產品的專利。有些品牌（例如新力與蘋果電腦）的突破的確來自技術創新，但是，有些品牌的更新，則是因爲替現有產品和服務加料。不論哪一種，對於消費者而言都是進步。

然而，這些創新的例子在商場上並不多見，我們往往視自己的產品或服務爲神聖不可侵犯的禁地。我們總是怯於更動產品的配方或者服務的形式，只是一味想著，可以靠廣告來強塑品牌的價值。其實我們應該時常提醒自己，勇於挑戰且願意改變的決心，已是一個品牌最好的廣告。

## 定位塑形

萬一技術創新與價值附加都行不通，你該怎麼辦呢？是不是就此打消產品突破的念頭呢？當然不是。此處不容我，自有容我處。重塑企業或品牌在消費者心目中的定位，也是一個的好方法。

產品定位的設計可以用品牌導向，也可以用市場導向。所謂品牌導向的意思，就是以自己品牌的特性爲主題，在同類型產品裡展現出一種唯我獨尊的姿態。換言之，這是一種「由內而外」的策略。相反地，市場導向是指一個品牌把外在環境的某個主題，強塑成自己的品牌特性。換言之，這是一種「由外而內」的策略。

**・由內而外**

「代溝」（The Gap）是服飾業中的佼佼者。它成功的原因既不是技術創新，也不是價值附加，而是因爲它用了一個由內而外的觀點看待消費者。僅憑這一點，就足以達成企業突破的目的。「代溝」服飾說服消費者，讓他們相信，樸實的穿著反而更能表現出一個人的獨特風格。它創造一股「反上流社會」的流行風潮，使得消費者樂於穿著簡樸平實的衣服。雖然這個品牌沒有把「特色」這兩個字掛在嘴上，反而造就了充滿特色的穿著品味。換句話說，「代溝」服飾已經成爲「反流行」的流行象徵。這個名號維繫不易，但是「代溝」服飾已經在市場上順利運作了將近二十年。

釷星汽車（Saturn）的上市，爲通用公司（GM）帶來一番新的氣象。通用的高階主管了解，釷星的前途除了仰賴產品品質，也得靠員工團隊合作的精神，這種革命性的認知正是釷星的突破之道。首先，釷星從一開始就捨棄了通用汽車這個品牌的號召力，不但以全新品牌的姿態上市，還以物超所值的訴求與日本車正面交鋒；其次，釷星汽車的經銷據點被改裝爲迎合消費者心理的店頭賣場；還有，釷星不二價的策略，讓業務與顧客花時間討論的是車子，而非價格。經由這些努力，釷星讓每一個顧客覺得，他們參與了「重整美國企業雄風」的行動。

自從航空限制解除之後，所有的航空公司混戰成一團。它們參考並模仿同業的行銷手法，但結果如出一轍，了無新意。西南航空（Southwest）不按牌理出牌，卻反而自成一格。首先，西南航空只採用波音七三七這一款飛機，因此省下了不少訓練人力與投資硬體的費用。其次，西南航空只賣來回直飛機票，不提供轉機與單程的服務，這麼一來，大大提高了它在各個機場租用停機門的使用率。這些措施分開來看不怎麼樣，放在一起，卻大幅降低了營運的成本，使得票價比同業便宜了三分之一，因此讓西南航空一躍而爲航空業的佼佼者。西南航空的創辦人兼總裁賀柏・凱立禾（Herb Kelleher）說過一段發人深省的話：「每個人都有期望。不論這些期望來自教育、訓練還是傳統。當人們面對眞實的人生，往往發現期望與現實之間有一段很大的落差。對我而言亦是如此，我小時候學到的事情幾乎無一爲眞。」

「代溝」服飾、釷星汽車與西南航空，都是不肯受制於現有遊戲規則的企業。改變自己對於所處產業的觀點，正是它們的成功之道。

### ・由外而內

由外而內的觀點也一樣對企業有利。當企業把環境納入自己對於品牌定位的思考時，可能會產生新的觀點，因而帶來震撼的結果。

多年以來，「奧需卡需」（Oshkosh）的衣服只賣給大人穿。某一天，奧需卡需的高階主管突然想到孩子們也需要耐穿、不怕磨損的衣服，因此改變了奧需卡需的生產路線。現在，奧需卡需童裝的營業額佔了總營業額的九成以上，這個轉變，要歸功於企業向外探尋有潛力的市場機會，因而爲自己找到一個新的品牌定位。

一九七四年，美國有一家叫做跨州（Interstate）的百貨公司瀕臨破產邊緣。公司年輕的總裁查理斯·拉索茲（Charles Lazarus）一舉裁撤了十四個部門，只留下一個十年前由他開辦，而且目前最看好、最賺錢的部門——玩具部。拉索茲的做法爲這家老舊的百貨公司帶來突破性的轉機，百貨公司消失不見，「玩具反斗城」（Toys "Я" Us）卻誕生了。

英代爾（Intel）認爲，雖然自己只是電腦組件生產商，還是有可能在消費者心目中建立起品牌形象。它不斷告訴消費者，晶片之於電腦，就像大腦之於人類，而英代爾的產品就是優越智慧的象徵。它的努力，使其著名的商標"Intel inside"變成消費者選擇電腦的要件之一。這一切，都是因爲英代爾選擇用不同的方式呈現自己。

任何行業都可以走出一條新路。自從美國的棒球運動把自己定位爲美國競爭精神的象徵，全美國每個人都開始「玩」棒球，這種「玩」不只是旁觀，而是拿起球棒，實際參與。鄉村音樂（country music）亦是如此。如果你仔細聽最近流行的鄉村歌曲，你會發現它早就不是由一群中年牛仔吟唱著的憂鬱曲調了。鄉村音樂的作者們體察到，創作必須回歸鄉村音樂最初的理念，也就是從日常生活裡尋找引人共鳴的題材，因此成功地拓展了鄉村音樂的地盤。今天，鄉村音樂是全美成長最快的音樂市場。

對於一般消費品而言，定位塑形的做法也經常奏效。比方說，藥物品牌「阿卡塞茲」（Alka-Seltzer）用「狂歡後遺症的最佳療方」爲詞，把自己從定位混亂的頭痛藥市場裡區隔出來；飲料「舒普」（Schweppes）原本用來調酒，爲了擴大市場，它用「單喝也很過癮」的訴求，把自己重新定義爲成年人獨享，充滿了勁道與成就感的非酒精飲料。對於上述這兩個品牌來說，品牌定位的塑造決定了行銷結果。

除了對個別品牌有效，定位塑形也可能影響整個產業。比方說，製鞋業正面臨了由青少年次文化帶來的產業革命。現在的鞋子，一定得充分反應青少年的性格，這有點像當年的牛仔褲。耐吉、銳跑、愛迪達、彪馬等等，每一個品牌在消費者面前的形象和定位都不同。爲了要擺出新的姿態，它們必須與傳統有所區別。

除非某個品牌大膽地打破成規，否則市場的遊戲規則通常是嚴謹而乏味的，但是，一旦有一個品牌改變作風，競爭者就會一窩風跟進。不管企業突破的結果是技術創新、價值附加、還是定位塑形，往往就此改寫了整個產業的發展史。

| 目的 | 產業／策略 | 成功案例 |
|---|---|---|
| 技術突破 | 科技主導 | 佳能、新力 |
| | 非科技主導 | 丹酪乳品 |
| 價值附加 | 服務產業 | 諾德史壯百貨、特斯科超市 |
| | 非服務產業 | 星元咖啡、班與傑利冰淇淋 |
| 定位塑形 | 由內而外 | 代溝服飾、鈦星汽車 |
| | 由外而內 | 玩具反斗城、奧需卡需服裝 |

美國第一銀行（Banc One）自從創辦以來，就不斷從突破裡尋找各種進一步突破的可能性。就技術創新而言，它是第一個發行信用卡的銀行。這張當時叫做「美一銀行卡」（BankAmericard）的信用卡，就是現在通行全球的VISA卡的前身。就價值附加而言，它率先採用自動提款機，也是第一個決定在各大超級市場設置迷你金融中心的銀行。因爲這些林林總總的創新記錄，美國第一銀行可以把自己定位爲一個品牌，而非僅只一個銀行而已。它的廣告標語是「不計代價」（Whatever it takes）。這句話充分反應了它的定位：凡是好企業與好品牌應該提供的，美國第一銀行一定全力以赴。

## 追求改變

爲求突破，你必須主動追求改變。很多人在檯面上同意，改變是企業突破的動力，可是這些人多半只是說說，並未眞正落實主動求新求變的概念。美國作家史坦貝克（Steinbeck）說過：「拒絕改變是人類的天性。人越老，越不肯改變，尤其特別抗拒那些可能會改善現況的改變。」

企業也屬於這一類不知變通的族群。長久以來，企業墨守成規，畫地自限。這種做法不但削弱了競爭力，也阻絕了通往改變的道路。

我可以找出好幾個妨害企業改變的想法。比方說，害怕新產品與舊產品互相殘殺。很多公司不肯投資在自己研發出來的新技術上，藉口則是新技術的問世會影響到原有品牌的銷售成績。不僅是新技術的推廣有這樣的問題，任何新點子都可能在企業內部被封殺。換言之，企業寧可冒著讓競爭對手搶先一步的風險，也不肯成爲率先推出新產品的公司。但是，吉利刮鬍刀（Gillette）的做法就不是這樣。長久以來，吉利一直推出新產品與自己既有的產品較勁。吉利的成功告訴我們，如果我們不肯向自己挑戰，最後只有原地踏步的分兒。推出新產品不但不會減損資產，反而會促成進步，眞正會對自己品牌產生威脅的，其實是不肯推陳出新的心態。

另外一個常見的想法，就是過分重視消費者的意見。「消費者導向」向來被美國企業奉爲圭臬，很多企業誤以爲，了解消費者，並與他們保持親近的關係就是成功之訣。但是，有時事與願違，因爲消費者導向有其限制。不管怎麼說，消費者對於未來的看法不見得就是眞知卓見。前福斯電視台（Fox Television）的總經理拜瑞・迪勒（Barry Diller）就指出：「我們一直到現在都還是人口統計資料、市場調查和小組訪談的奴隸；我們只知道根據數字告訴我們的結論來做節目。這樣下去，我們會逐漸失去我們的敏銳、直覺與感受能力，結果就是生產出一堆『只求無錯，不求有功』的節目。」如果我們問消費者該做什麼、該推出什麼產品，他們的回答恐怕不會跳脫常識的範圍。「凡事以消費者的想法爲準」，似乎已經成爲企業安於現況的最佳托辭了。

然而通往突破之路最大的障礙，可能是我們對於品牌現有優勢的耽溺。當一個品牌建立起自己的顧客群，擁有可觀的市場佔有率時，最容易反應出保守的本質。這種念頭在行銷語彙裡比比皆是，常常掛在行銷人口中的與「市場先發」（market preemption），就是一個標準例子。

在里查・迪亞文尼（Richard d'Aveni）的著作《超競爭力》（*Hypercompetition*）裡，他痛斥這種以爲靠著品牌現有優勢就可以高枕無憂的態度。他認爲這種態度就是阻遏企業創新的原因。他說：「唯有徹底改變策略的重心，才有可能產生超競爭力。與其尋找一個永遠適用的品牌優勢，不如把力氣拿來開發當下的優勢。這種隨時隨地領先一步的想法，原本是高科技產業的致勝祕訣，現在則適用於所有的產業。消費財、耐久財、金融業等等，都應證了穩定、保守的策略對企業無益。改變才能爲企業注入進步的心血，穩健的作風已經不合時代潮流了。」

上述只是一些常見的，讓我們執著於安全牌的想法，類似的想法還有許多。這一類的想法深植於我們腦海裡，讓我們害怕面對不可測知的未來。它們彼此助長聲勢，阻絕了企業願意承擔風險、尋求突破的念頭。

甘冒風險其實是企業突破的觸媒。湯姆．彼得斯在他所寫的某一本書中引用了史帝夫．羅斯（Steve Ross）的話：「因爲不肯犯錯而被炒尤魚。」這眞是一句了不起的話。甘冒風險意味著企業必須具備接納失敗的胸襟，而這種胸襟，正是讓一個無名小卒變成企業鉅子的關鍵。

這也正是爲什麼企業主管應該鼓勵員工盡情發揮想像力，大膽追求改變。成功的企業家比別人更具眼光和膽識，並且勇於向變動挑戰。

四位美國大學教授合著了一本與企業變動有關的書，書名叫做《行銷王：美國最佳企業的成功祕訣》。他們發現，成功的企業擁有一個共同的特點：「他們（成功企業）視變動爲盟友，爲値得善加利用而非一昧畏懼的動力。」美體小鋪、微軟與福斯電視台都知道，被動順應時勢是不夠的，所以它們大膽地創造改變，改寫了市場競爭的規則。他們明白，改變就是進步的驅力。在當下的競爭環境裡，如果你不領導市場，就只好被市場牽著鼻子走。

# 布萊克德的隱喻

我一直對布萊克德（Blackadder）情有獨鍾。什麼是布萊克德呢？這是一齣英國電視劇的名字，名喜劇演員羅旺．艾特金生（Rowan Atkinson）在劇中扮演一個名叫布萊克德的人。在某一集取名爲〈布萊克德向前行〉的影片裡，有一段以第一次世界大戰爲背景的劇情，倒是與我們正在討論的主題不謀而合。

**軍官一**：好消息！作戰指揮官已經想出了一個讓我們一舉殲敵的作戰計畫。

**布萊克德**：報告長官，這個作戰計畫該不會是要我們爬出壕溝，慢慢向敵方推進吧？

**軍官二**：你怎麼會知道？這是軍方的高度機密。

**布萊克德**：因爲這就是我們用過無數次的作戰計畫啊！

**軍官一**：沒錯！這也正是它了不起之處。敵人一定想不到我們會故技重施，所以一定會疏於防備。不過，可能有個小問題。

**布萊克德**：小問題，是不是說我們會在行動開始的十秒鐘之內就會被發現，然後被殺光呢？

**軍官一**：一點不錯。指揮官很擔心這個問題會影響弟兄們的心情，所以他正在想辦法提振士氣。

**布萊克德**：我想如果指揮官肯辭職或自殺，一定會大幅提升我們的士氣。

這段片段提醒我們，不應該一再用相同的模式解決問題。聽起來容易，但是當我們面對巨幅變動時，還是會把布萊克德的啓示丟在九霄雲外，重蹈覆轍。由此可知，從「知」到「行」之間還有一段漫長的路程。

正因如此，品牌、企業、廣告公司應該持續地鍛鍊對抗傳統做法的能力，以及推翻既有想法的勇氣。我們不能做那個無能的戰地指揮官，我們必須張開眼睛，尋找新的光源——在廣告手法上尋求改變，正是一個好方法。

# 第二部
# 顚覆的基本訓練

很多時候，廣告可以幫助企業突破，
本書的核心觀念「顚覆主張」創意思考策略，
尤其是促動改變的一大觸媒，
可以爲一個品牌或一家企業帶來全新的生命。
以下三章將逐一介紹「顚覆主張」的三個步驟，
比對傳統，進行顚覆，預設前景——
哦，但是我們顚覆一下，先從第二步驟開始。

# 3

# 創造斷層與決裂

## 進行顛覆

許多產品的生命都有一個明顯的分水嶺，

改變之前沒沒無聞，

改變之後一舉成名。

而勝負的關鍵，

正是由廣告創造出來的斷層與決裂。

這就是顛覆主張帶來的改變。

「一九八四年一月二十四日，蘋果公司將推出麥金塔電腦（Macintosh）。屆時，你會知道爲什麼一九八四一點也不像小說中的一九八四。」這是麥金塔電腦上市廣告的旁白。因爲用了歐威爾（George Orwell）的名著《一九八四》爲典故，使得這支廣告影片在觀衆心目中留下深刻印象。這種廣告的方式，和麥金塔電腦本身一樣充滿了革命色彩，透過麥金塔的系列廣告，蘋果公司不僅成就了產品的突破，也成就了廣告的突破。

產品的突破與廣告的突破在本質上有些不同。一般而言，產品的突破通常比廣告的突破更具影響力。比方說，拍立得（Polaroid）和隨身聽（Walkman）的問世，不僅改寫了科技產品的歷史，也爲行銷人創造了全新的市場。然而，像這樣的產品突破並不常見，所以我們需要借重廣告的力量來製造突破。廣告人的工作，就是要爲品牌創造一個新的契機，讓消費者重新認識品牌，有耳目一新的感覺。

看過Lexus和Infiniti的廣告以後，保證改變我們對於日本車的看法；自從二十五年前開始採用挑釁的廣告語氣以來，百事可樂已經成爲新生代的選擇；當永備電池（Energizer）的廣告旁白開始說：「不停地走……依然不停地走……」，金頂電池（Duracell）就不再是市場上打不倒的領導者——大家越來越確定，任何品牌都不如永備電池持久。

當ＩＫＥＡ家具用「像美國這麼一個大國家，總需要人手來爲它裝潢、佈置」作爲廣告標語的時候，它同時教育了美國人低價位不代表低品質的觀念。聯邦快遞（Federal Express）「保證貨品會在第二天抵達目的地」後，人們對於快遞的印象完全改變。看過爲加州牛奶做宣傳的系列廣告之後，我們發現牛奶原來是生活中不可或缺的物品。「膠露」果凍（Jell-O）本來是個平凡無奇的產品，但當它把自己定位成「一種只有八個卡路里的點心」時，它給消費者帶來了驚奇。

上述這些產品的生命都有一個明顯的分水嶺，改變之前沒沒無聞，改變之後一舉成名，而勝負的關鍵，正是由廣告創造出來的斷層與決裂：這是一項顛覆主張。

## 什麼是顛覆主張

當你瀏覽世界各地的廣告以後，你會發現，能夠顛覆的廣告實在很少。大部分的廣告都沒什麼特色：它們多半蕭規曹隨，至多只是用一點創意的小技巧來包裝一些老套的訊息。如果廣告策略和製作都能一反尋常，如果業務人員和創意人員都拒絕用熟悉的廣告手法，顛覆主張自然就會出現。然而，這種現象卻不常發生。感覺上，平凡的廣告乃是必然，而顛覆的廣告卻是偶然。

隨機尋找廣告創意，是件令人無法苟同的事。我們不能全靠運氣，也不能仰仗天才型創意人偶爾的佳績。基於一種不可對既有成績感到滿足的認知，我們要介紹一套嶄新的思考方式。這套方法來自廣告人對過去成績的不安與不滿，而目的則在於用一套有系統的方法，來解讀、再現並創造過去只能憑運氣得來的好結果。我們稱這套不規律的規律，這無法則的法則為「顛覆主張」。

我們對於顛覆主張的定義如下：顛覆主張是一種突破並推翻市場定則的策略性思考技術，經由顛覆主張，我們可以產生新的前景，或是賦予既有前景新的意義。

這個定義聽起來學術意味濃了些，不過，我們覺得下定義總該謹慎一點。從語源學的觀點來看，「下定義」（to define）意思是「將之終止」，換句話說，是對事物設定界限。這與我們對於顛覆主張的期許恰巧背道而馳。我們反倒認爲顛覆就是要取代界限，強迫界限後退。

## 決裂策略

自從ＢＤＤＰ創立以來，顛覆主張一直是我們的中心理念。顛覆主張的源頭是一個叫做「決裂策略」的名詞。我們最初的幾個客戶都將它們手中的問題品牌交給我們企劃，所以我們創造了「決裂策略」，爲產品尋找新的生機。後來，我們發現「決裂策略」也適用於許多並沒有走下坡的品牌，所以我們更其名爲「顛覆主張」，並且自此成爲ＢＤＤＰ的精神象徵。

一九九二年五月一日，我們用整頁的篇幅在《華爾街日報》及法國的《費加洛報》（*Le Figaro*）上刊登了以「顛覆主張」爲標題的廣告宣言。在這兩篇廣告裡，我們解釋了ＢＤＤＰ的理念和信仰：創意要從策略的階段就開始醞釀。這就是顛覆主張努力的目標。

根據顛覆主張的理念，光在製作階段動動手腳是不

夠的；我們應該在創意工作還未正式展開以前，就開始製造創新的思考；我們要趕在創意發生之前就有創意。偉大的廣告總是與一般的廣告不同——不只是風格不同，內容也不同。成功的品牌，是那些帶給我們新意的品牌。總之，顛覆的關鍵就是，我們應該在策略階段就擺脫傳統思考的桎梏。從這個邏輯出發，我們可以找到眞正能夠影響客戶行銷產品的廣告手法。這種廣告手法絕對比其他任何方法都來得深入有效。

顚覆主張已成爲BDDP旗下所有廣告公司共同的中心理念。然而，當我們在討論如何將顚覆主張轉化爲具體的方法時，我卻有些舉棋不定。原因是我一方面想要設計一套創新的策略性思考工具，一方面又擔心「方法論」這幾個字可能使人裹足不前。我總認爲，策略、方法、模式這些名詞太過有板有眼，聽來像是醫生的處方箋。我擔心，明確的解釋反而阻礙了想像力。

幸好我們所發展出的顚覆主張，是一套有彈性的、開放式的系統。它不只是一個方法，還是一套可以轉化成態度與認知的概念。事實證明，顚覆主張是有效的創意思考工具，是一套給痛恨系統的人所使用的系統。

## 顚覆三步驟

蘋果電腦、Lexus汽車和IKEA的廣告，除了帶來技巧和風格的改變之外，也痛擊了一些約定俗成的觀念和根深蒂固的習慣。如果以我們的專業用語來形容，我們會說這些公司與傳統決裂，而且清楚地預見自己品牌的走向。

我們將這種專業用語轉化爲一套顛覆主張的法則，包含三個步驟：比對傳統、進行顛覆和預設前景。以有系統的方式檢視這三者，面對每一個問題，都必須找出一個可以將此三者串起來的連結，進而從中得知，在前景中如何提及傳統，而且同時能激盪出顛覆行動。

顛覆主張的目標是爲一個品牌預見未來，並且據此找出一個突破的方式，來加速它到達預定地的速度。

## 比對傳統

成就顛覆主張的第一步就是要辨認傳統。這項任務聽似簡單，其實不然。雖然約定俗成到處都是，卻不容易爲我們所察覺。有些事情對我們而言太熟悉，以致於總是被忽略；這就是習慣的威力。傳統可能是一些絕少被挑戰的假設、一些常識，或是時下的遊戲規則。換句話說，所謂傳統，乃是用以維持現狀的既存想法。

傳統的觀念認爲，使用電腦是專業人才的特權，但蘋果公司對這個假設提出質疑。傳統觀念認爲，女人應該接受自己逐漸老化的事實，但歐蕾（Oil of Olay）每天都在挑戰這種論調。傳統觀念認爲，零售廣告應該把重點放在種類、價錢之類的瑣碎細目上，但是維菁音樂城（Virgin Megastore，類似淘兒音樂城的法國音樂產品專賣店）把自己定位爲青少年文化的主要推動者，它的廣告遠離了促銷或減價的陳腔濫調，走出了屬於自己的風格。

傳統可分爲三種類型：市場的傳統、消費者的傳統與廣告的傳統。我們在以下的篇幅裡，會更仔細地加以討論。蘋果公司推翻了市場的傳統，歐蕾逆轉了消費者的傳統，而維菁音樂城則挑戰了廣告的傳統。

## 進行顚覆

第二步是顚覆的本身。我們開始質疑自己過去做事的方法。我們發現，原有的思考方式其實受限於許多成見；我們明白，如果固守著過時的架構，想法就會缺乏生氣。要顚覆，就不能保守；所追求的，絕不是一個四平八穩、可以預知的答案。相反地，顚覆就是要腸枯思竭地提出疑問，發展新的假設和意外的概念。顚覆是一段走向未知的旅程，一趟空前絕後的遠征。

IKEA的廣告勇於指出一個事實：在家具販售這個行業裡，中間人的存在形同變相的加價。IKEA所提出的「無銷售員」與「取消送貨服務」主張，就是一個顚覆概念的例子。一般人認爲美國汽車無法和日本汽車分庭抗禮，但是當通用公司推出釷星汽車的時候，它完全把這種觀念丟在腦後。釷星汽車原本就具備許多特色，而它經由海爾・瑞尼（Hal Riney）企劃的廣告也獨樹一格。在一支廣告影片裡，釷星的職員談到自己的工作：「你會對這件事情很投入，會把所有的熱忱都投注在這部車子裡，這一切都來自對於傳統價值的執著，都是因爲我們想維護美國的固有價值……」實在是一種非常顚覆的賣車手法。釷星將現代科技與傳統價値融爲一體，手法既讓人意外，又恰如其分。另一個顚覆成功的例子是B&J（Bartles & Jaymes）水果淡酒。絕大多數的水果淡酒都把自己定位爲成年人的軟性飲料，但B&J用兩個鄉巴佬的形象來賦予品牌人性化的特質，並在廣告裡標榜自己的產品是一種酒類飲料，因而造就了它獨特的賣點。

IKEA、釷星和B&J都突破了傳統，找到自己的道路。在以下的章節中，我們還會看到許多的品牌不按牌理出牌。這些品牌藉著廣告定義自己的形象，更賦予自己品牌與衆不同的意義。他們不只是充滿競爭力，而且獨一無二。

## 預設前景

我們由傳統出發，找到一個方法來顚覆傳統，但是我們還是得維持品牌，並顧及我們期望品牌留在人們腦海中的形象。因此，我們必須先想淸楚品牌的未來。這個明確陳述構思未來的動作，就是顚覆主張的第三個步驟：預設前景。前景（vision）是在想像中從現在跳躍到未來，勾劃出品牌未來的藍圖，是在一個較遠大、較具雄心的基礎上，預見前途。

IBM不想再被認定是一個大型電腦的製造商而已，它想成爲一個「專爲地球解決問題」的好幫手。《華爾街日報》不僅提供新聞，還把自己定位成一個翻譯官，幫助我們瞭解深奧的財經市場，它的廣告名言正是「錢財會說話，我們會翻譯」。NASDAQ不想只被視爲美國第二大證券交易商，它眞正想當的是「爲未來世紀量身訂做的證券商」。對英代爾來說，微處理器不只是一片小小的晶片，而是電腦的頭腦，電腦內部最重要的部分。維菁音樂城不只是各種音樂產品的量販店，更是現代年輕人崇拜的次文化表徵。《富比士》（*Forbes*）認爲自己不只是一本新聞雜誌，而是「資本家的工具」。

上述這些品牌利用廣告，以新的前景來表現自己的形象。他們的廣告讓自己在競爭之中脫穎而出。顚覆還藉著給予品牌一個前景，賦與品牌一個新生命，讓我們瞥見了尚未成形的圖像。

## 充滿新意的策略發想過程

顚覆主張建議用一種開放的架構來處理關於策略或創意的問題。這套「比對傳統—進行顚覆—預設前景」的技術，可適用於任何領域。當我們用顚覆的觀點構思廣告表現時，企業或者品牌所致力發展的前景，以及如何將之在廣告策略與製作中完整傳達，是我們關心的重點。

顚覆主張引導我們走入一個新世界。在這個世界裡，傳統的廣告策略和老套的廣告表現起不了什麼作用。原因很簡單：如果你總是依賴那一套，就不可能想出什麼新點子。顚覆主張看重品牌的未來，讓我們有機會往上游移動，也因此拉長了廣告企劃的過程。顚覆主張鼓勵我們從大處著眼，藉由重新思考產品的前景，從而賦予品牌更豐富的意義。

比對傳統—進行顚覆—預設前景三步驟，是我們廣告公司通用的策略模式。以下有二個例子，第一個是法國的維菁音樂專賣店：

比對傳統　零售業者應該強調具體、實際的賣場利益，例如種類齊全、價格合理、服務周到等等。

進行顛覆　賦予維菁音樂城情感的色彩，而非商品的保證。

預設前景　維菁不只是個音樂城，也是一座青少年次文化殿堂。

第二個例子是可麗柔（Clairol）的香草洗髮精：

比對傳統　所有的洗髮精廣告都強調使用的效果，例如一頭美麗、光亮的秀髮。

進行顛覆　以戲劇化的手法處理洗頭髮的經驗，使得過程也成爲一種使用效益。

預設前景　用可麗柔洗頭髮使人神清氣爽，讓每一個人覺得美麗起來。

顛覆主張是品牌的策略指南，也是激發品牌前景的最佳觸媒。

## 顛覆程度

經過數年來的經驗、研究和設計出數百種顛覆模式之後，我發現應該要區分兩種形態的顛覆主張。低度顛覆意指用顛覆傳統的手段帶起產品的變動，而非整個市場的變動。換言之，產品在市場中的位置改變了，但整個市場並未改變。相對的，高度顛覆指的是當一個公司展現它的前景時，轉換了整個市場的結構。我們將會在本書中看到許多顛覆案例，有低度有高度，有大規模有小規模。我們也將會看到，顛覆的程度和一個策略整體的效果並無關連。高度顛覆不見得就比低度顛覆有效，事情並不是那麼簡單。市場決定了什麼可以做，而且通常還決定了什麼必須做。讓我們來看看五個我們設計的案例。

# 高度顛覆

## 維菁音樂

維菁音樂城座落於巴黎市區，是法國最大的唱片行，現在已成爲年輕時髦者的聚會聖地。一般人也許會預期，維菁的廣告會強調一些實質上的東西，例如價錢、選擇種類和營業時間等等。對很多人來說，零售業的廣告只能這麼做。

維菁一點也不贊同這種觀念。它的廣告與衆不同，甚至有些無法無天。它用一個很肉感的胖女人化妝成繆思女神，以此說明它的經營信條：我們的生活中留給音樂的空間永遠不夠。維菁的海報設計得像唱片封面，使維菁成爲法國青少年膜拜的名字。它的商店不僅只是個商店，而是現代流行文化、街頭文化的聖殿。它最近的海報寫著：「維菁音樂城，你聽不懂的，就別理它。」、「維菁音樂城，文化可不再是那些文化人士的專利。」維菁顯然已超越了它的零售角色，而晉升爲保衛音樂的頭號戰士——廣義來說，也是保衛流行文化的頭號戰士。不提出具體的東西。這是道地的顛覆。

## 歐蕾乳液

化妝保養品公司通常用一種保守的方式做廣告，尤其是在觸及老化這個主題的時候。在《歲月泉源》（*The Fountain of Age*）一書中，蓓蒂・費雅登（Betty Friedan）在討論到現代人對於老化的態度時寫道：「其實，人們遠遠地走在廣告的前端。在廣告中，從來沒有超過三十歲的女人臉孔，因爲年齡增加被視爲衰老，是對青春的斲傷。」依照這個邏輯，如果有一家化妝保養品公司不再保證女人會看起來年輕，我們對這家公司會有什麼看法？顯然，這絕對與一般傳統的做法大相逕庭，但是歐蕾決定這麼做。

在歐蕾乳液的某一支廣告影片裡，一個女人宣稱：「是的，我三十六歲了。當我看到任何一個貌美的十八歲女孩想對我推銷除皺紋霜時，我會受不了而尖叫！女人在各種年齡都可以美麗……我覺得我自己就很美。」廣告接著下結語：「給妳一生一世美麗的肌膚。」

VIRGIN MEGASTORE.
ON NE FERA JAMAIS ASSEZ DE PLACE
A LA MUSIQUE.

VIRGIN MEGASTORE.
QUE LES LIVRES NOUS ELEVENT ET
NOUS TRANSPORTENT!

VIRGIN MEGASTORE.
LA TECHNOLOGIE NE SERA JAMAIS
ASSEZ POINTUE.

PLACE! PLACE!
PLACE AU VIRGIN MEGASTORE!

費雅登還說：「廣告一直都跟不上眞實世界的腳步，不知道女人複雜的內心狀態和老化這事實也許可以打動人心。這會是一個很好的轉變，但我想，必須出現一個有魄力的公司試著做做看。」這正是歐蕾乳液的做法。今天，歐蕾乳液代表的不是看起來年輕，而是在任何年紀都顯現美麗。老化，是生命中自然的一部分。感謝歐蕾乳液，你在任何年紀都可以做最好的自己。傳統的廣告使命在於竭力做到看起來年輕，而今扭轉了這項傳統，可說是意義深遠的一種中斷。藉由「一生一世美麗的肌膚」，顚覆主張走入了歐蕾乳液的廣告史中。

## 豪雅手錶

最近幾年，一個新牌子打進了名貴手錶的圈內。這不是件容易的事。七年前，豪雅手錶（T A G Heuer）只是一個平價運動錶的品牌，而運動用品和奢侈品的市場是兩個截然不同的世界。爲了提昇品牌的地位，豪雅手錶決定找出一個新的觀點來看運動錶。它認爲，在運動及其他競爭性的活動裡，心志的力量是最重要的致勝因素。用這個觀點，豪雅手錶審度每一種運動，發現每個運動員都有一個假想競爭對手迫使自己突破原有極限，例如鯊魚之於游泳選手，剃刀刃之於跳欄選手，炸藥之於接力賽選手，五十層樓高的深海之於騎馬選手等等。

換言之，豪雅手錶重新詮釋了「名貴」。「名貴」不再是一個人的購物能力，而是一個人的精神力量。勝利往往取決於百分之一秒或者幾公分的差距，而且許多事會在眨眼之間發生，所以，專注與超越自己的心靈力量最具關鍵性。安東尼·伯朗汀（Antoine Blondin）曾經用「關在監獄裡的囚犯，每天一點一點地推四面的牆」來比喻一個眞正的運動員。這是自己對自己下的戰書。

豪雅手錶的顛覆之處，就是它將兩個看似無關的領域（運動用品和奢侈品）結合在一起。豪雅手錶過去五年銷售量的成長超過兩倍。在所有經歷過創意斷層、廣告顛覆的品牌裡，豪雅手錶是數一數二成功的案例。成功是一場心靈的比賽（Success is a mind game.）。

## 低度顛覆

### ＢＭＷ

在法國，ＢＭＷ的產品擁有卓越的信譽。這些由德國生產製造、充滿科技感的車子，被認爲既氣派又穩當。ＢＭＷ的工程師是全世界車輛研發的頂尖高手，他們不肯在品質方面做任何妥協，而且他們相信，自己所設計的車子，就是美國人口中的「至高無上的駕駛機器」。因爲以上種種理由，ＢＭＷ的產品形象非常好，但同樣的形象無法適用於品牌本身，ＢＭＷ這幾個字，在許多人心目中的意義竟然是自我中心，幾近於自私自利。

當你從產品討論到品牌，就像是從物品討論到擁有人。廣告業探討品牌個性與性格已有一段歷史，在廣告人眼中，一個品牌就像一個人，甚至，我們可以把這種比喻再推遠一點，

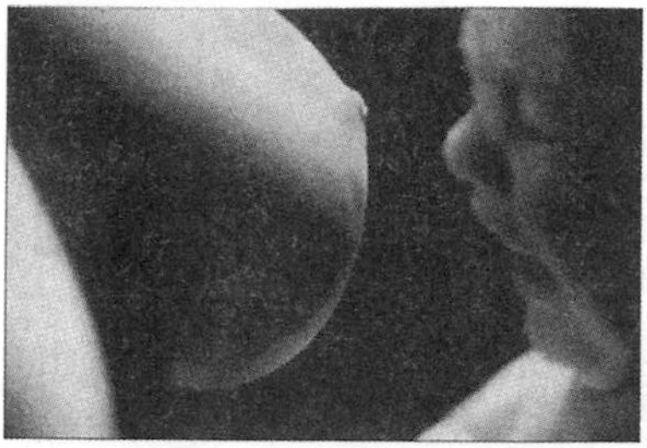

想像品牌不只是人格，也是意見和態度。從這個角度來看，ＢＭＷ可以說是一個有點愛擺架子的人，它的口氣頗爲傲慢，甚至虛僞。結果，消費者覺得這個牌子瞧不起人。

要拉近品牌與消費者之間的距離，必須靠廣告。如果ＢＭＷ看起來太傲慢，太不近人情，那麼我們的目標就是要讓它敏感一點，有人情味一點。

有一支黑白的ＢＭＷ廣告是這樣的：一個小嬰兒愁眉苦臉，握緊拳頭，然後嚎啕大哭。這意思每個人都知道：他餓了。這時觀衆屏住氣息，目不轉睛地看著畫面。畫面上突然出現了一隻手鉤在嬰兒的脖子後面，那是媽媽的手。然而因爲嬰兒才是鏡頭的焦點，所以我們看不見媽媽的臉。接下來，那隻手把嬰兒的頭捧近了些，我們從側面看到他的臉，在慢動作效果下，碰撞在乳房上，就像是碰撞在一個絲絨的枕頭上。這時哭聲停止了，嬰兒喉嚨發出滿足的聲音，小拳頭也放鬆了。觀衆終於鬆一口氣。育嬰的曲調，配合著一行字幕：「記得你第一次碰到安全氣囊的感覺。」畫面上母親與嬰兒淡出，一輛ＢＭＷ的車淡入。整個廣告的長度爲三十秒，可說是一九九五年法國最具震撼力的廣告之一，在觀者心中留下難忘的印記。

另外一支廣告也是黑白的：一個小孩玩著玩具車，嘴裡不時發出嗚嗡嗚嗡的聲音。噪音越來越大聲刺耳，他的爸爸無法忍受，覺得耳膜快要震破了，於是伸手拿走了小孩的玩具車，換上一輛ＢＭＷ玩具車。瞬間，噪音立刻停止，小孩開始靜悄悄地玩他的玩具。這時螢幕上出現了一行字幕：「密閉引擎——ＢＭＷ的渦輪增壓柴油引擎。」

這兩支廣告及其他配合ＢＭＷ五字頭系列登場的新聞稿，使ＢＭＷ在法國的形象增添了新氣象。廣告的內容賦予ＢＭＷ細膩的性格，使得這個品牌變得平易近人。廣告的製作手法則融合了各種技術：黑白的影片、尖銳的音樂、特寫的鏡頭、唐突的剪接，結尾時一切歸於平靜，只有車子安靜地出現在畫面上。我們可以從這些描述中看出執行的嚴格。對ＢＭＷ而言，這些廣告是眞正的顛覆，因著它們，ＢＭＷ顯得不那麼自我本位了。

## 可麗柔香草洗髮精

不久以前，可麗柔決定根據九十年代的特性，重新推出舊品牌「香草洗髮精」，它曾是七〇年代市場上最流行的洗髮精之一。可麗柔的做法是推出一系列以天然植物精練而成的洗髮精品牌。但是，在預算有限的情況下，可麗柔想要在已經過度擁擠的市場裡取得一席之地，就必須想出一套從各方面來看都背離傳統的廣告方式。

重新檢查產品類別，是可麗柔完成顛覆主張的祕訣。它發現了一個大好的機會，可以讓自己的產品定位與衆不同。一般競爭者只想到強調產品使用後的效果：美麗、健康、光亮的秀髮。但是可麗柔發現，洗髮的過程也可以是一種提神的、自然的、愉悅的經驗，所以它成功地開發了一個新的定位——愉悅的消費經驗。

至於如何將顛覆主張的概念轉換到螢幕上，則全靠一個意想不到的靈感。如果你看過電影《當哈利遇見莎莉》（When Harry Met Sally），你一定記得女主角梅格・萊恩（Meg Ryan）在一個擁擠的餐廳裡，當著男主角比利・克思托（Billy Crystal）的面表演性高潮的那一幕吧？她撩撥自己的頭髮，撫弄自己的臉呻吟著：「喔…哇…好舒服！喔…」，而他越來越不自在。在她假裝到最興奮之時，她還開始敲桌。然後鏡頭掃過其他客人臉上驚愕的表情。目睹這場意想不到的突發事件後，一個中年婦女對女侍者說：「我也要點一客她吃的東西。」

還有什麼比梅格・萊恩那場表演更能表現愉悅的經驗？就把背景換成浴室吧。在可麗柔的廣告影片裡，一個女人在浴室裡用香草洗髮精洗頭。漸漸地她的臉明亮了起來，她的動作也開始變得很挑逗，還用一種曖昧的聲音持續呻吟著，然後她越來越進入情況……經過長達二十秒的感官之旅以後，背景改變，我們看見一對衣衫不整、頭髮鬆軟的男女坐在凌亂的床上，瞪著電視螢幕。然後，就像電影《當哈利遇見莎莉》一樣，女的轉過去對男的說：「我也要用她用的洗髮精。」

結合顛覆主張與高明的製作手法，使得這支廣告不但家喻戶曉，也使可麗柔的銷售量超出其他同種類產品四、五倍。對可麗柔來說，顛覆的動機全因情勢所需。

維菁、歐蕾和豪雅手錶，以新的前景攻下了全新的世場。ＢＭＷ和可麗柔則拋下傳統，爲自己的形象改頭換面，進而鞏固了原有的市場。顛覆的程度無論是低或高，目標都一樣：給予品牌新的活力，逐漸確立一種無法取代的地位。當我們盤算一個品牌能在未來掌握多大的市場時，我們應該反問自己：「如果自己的品牌消失了，會發生什麼事情？人們會懷念些什麼？」如果答案是「什麼都不會發生，什麼都不值得懷念」的話，我們就該知所警惕。我們應該清楚而具體地知道會失去什麼，否則，我們如何得知消費者心繫何物？

## 策略和行動

「顛覆」並不是個好聽的字眼。有些人甚至認爲它代表著醜陋和粗俗。我們可以說，顛覆至少是個引人爭議的概念（就像所有的好廣告一樣）。它可能讓你不舒服，但它就是我們最想做的事：攪拌鍋裡的做料、改變既定準則、喚醒消費大眾、創造市場變化。

「解體」（breaking off）的概念隱含在「顛覆」（disruption）這個詞裡，字首 dis 強調的就是這種觀念。在缺點（disadvantage）、曲解（distortion）、苦惱（distress）、不同意（disagree）、消失（disappear）、不贊成（disapprove）、不相信（disbelieve）、否認（disclaim）、切斷（disconnect）、混亂（disorder）這些字眼裡，dis 代表一種決裂、斷絕的意味。在不信任（discredit）或不名譽（disgrace）中，這種意思更重。然而，在另外一些字眼中，dis 卻有正面的意思，中斷（discontinuity）和發現（discover）就是兩個好例證。

在英語和法語中，有時顛覆會被用來形容電路的突然暢通。這種解釋非常傳神，因爲顛覆的本質有一種力道突然增強的意思。「破裂」（rupture）這個字有被動的味道，但顛覆是主動的、積極的。它象徵著向一個目標努力邁進，是策略和行動的集合。

有人會認爲顚覆也不是什麼新鮮的觀念。當然，它不是一種發明，反而比較像是一種發現。廣告的重點也不在發明，而在於顯現一些晦暗不明的情境。蘇格拉底曾說：「你從未發明過什麼，你只是重新發覺一些過去被你忽略的東西。」事實上，顚覆就是要從歷史中找尋一個新的成功模式；從一些了不起的廣告故事裡找出一些致勝原則。這種過程，就像一個運動員在腦海中不斷重演自己過去的表現，才能找出未來進步的關鍵。

## 顚覆的思考方法

我們在前面說過顚覆就是要取代限制、或迫使限制的底線往後退。顚覆的結果通常有三種：第一，改造，讓人們用不同的眼光來看它。第二，翻新，讓人對它重燃興趣；第三，複雜化，讓人看到以前從未注意的特質。

### 改造

顚覆的觀念含有重新塑造和重新建構的意思。比方說，Lexus 重塑我們對日本車的看法。蘋果公司重建我們對電腦的看法；ＭＣＩ重塑我們對電話公司的看法；理想果（Fruitopia）重建我們對果汁口味的看法。

好的廣告能夠引導消費者，造成認知的改變。往往在一刹那間，品牌在人們心目中的形象便已完全不同。當「檸檬篇」廣告影片出現以後，人們再也不會用同樣的角度看福斯汽車。

而在艾維斯（Avis）租車公司的品牌生命週期中，廣告標語「我們會更努力」（We try harder）成爲重新出發的重要分水嶺。而班森哈其司（Benson & Hedges）菸草公司那支強調香菸「長不代表好」的電視廣告影片，足足有二十四年（不是二十四小時）都讓觀衆記憶深刻。

每一種產業都有一種既定的形象，這個形象乃經由該產業中所有產品廣告長年累積而來。洗衣粉有它特定的形象，銀行、啤酒和運動鞋亦是如此。我並不是說某一個產業裡所有的廣告都大同小異，而是說，所有的廣告加在一起，就會形成一個總體印象。然後，有一天，某個品牌的廣告打破了那個模式，便成就了顛覆的意義。美國的耐吉運動鞋和法國的丹酪，就做到了以上所言。它們的廣告新奇、有力，不僅加深了品牌印象，還動搖了整個市場，使消費者對這些品牌刮目相看。在英國，聖斯伯里定義了零售業的形象；丹酪改變了法國人對點心的看法；而耐吉讓全世界的消費者對運動鞋的印象改觀。當這些牌子高聲說話時，整個市場都改變了。

在《不理性年代》一書裡，作者漢狄對此提供了一個鮮明的定義。他說：「重建指的是從不同的角度來看東西、問題或情況。也可以說從側面來看，用透視法來看，或者把事情放在不同的背景來看……就是用全新的眼光來看現有的資料、觀點和知識。只要有一個轉捩點、一個橫切面式的念頭，重建就得以實現。」這段話把重建的概念解釋得很清楚，也可以用來描述顛覆的概念。

另一個重建的成功案例是可口可樂。可口可樂是一個單純，而且永遠會很單純的品牌。

它倍受貶抑的創新廣告片系列，在我看來卻是一個重新排列組合的好例子。剛開始，這個系列廣告的主題“Always Coca-Cola”看起來實在不怎麼新奇，況且，每一支影片都各行其道，有些很單調，甚至很拙劣。但我覺得多樣性就是它的優點。這一系列廣告最顯著的特徵在於廣告的數目衆多，與它傳統所用的那種統一的、自大的，幾乎是有點帝國主義的廣告方式大相逕庭。

我和可口可樂的市場總監塞吉歐・柴門（Sergio Zyman）談過我的看法。他說當廣告放到市場上測試以後，總是會發現觀衆喜歡某一些廣告，討厭另外一些廣告。從他的眼裡看來，全世界的年輕人都有他們喜歡和討厭的可口可樂廣告，但只要能引起注意和討論，就是成功的廣告。不管你喜歡或討厭某一支廣告，它已經拉近了你和品牌之間的距離。品牌變得比較不那麼強迫推銷，它就在那裡，扮演一個日常生活裡躲不掉的東西。它不必盡善盡美。

## 翻新

用不同的心境審視熟悉的事物，是顚覆主張裡非常關鍵的概念。漢狄說，這樣做可以「幫助我們重建熟悉的景致，也可以幫助我們換一種角度，思考原本顯而易見的道理」。如果廣告總是爲求一致而不願改變，我們就會一次又一次看見同樣的影像，最後終於不再注意它。當我們對於廣告內容覺得熟悉之後，它就變得沒什麼意思了。在《市場觀察》（*Marketing Insights*）雜誌裡的一篇文章中，馬汀・藍迪（Martin Landey）以《滾石》雜誌爲例，極力鼓吹時時翻新廣告表現的諸多好處。他說：「如果廣告不能讓你對產品有種發現新大陸的感覺，那麼你就不會注意到廣告。」廣告必須讓不奇怪的變成奇怪，熟悉的變成不熟悉。《滾石》雜誌的確是很好的例子。《滾石》雜誌有一段時期被認爲是一本「後嬉皮時代」(posthippie) 的刊物，廣告銷售量一度一蹶不振。幸好法隆・麥艾力高 (Fallon McElligott) 廣告公司推出了一系列以「認知和事實」爲主題的形象廣告，完全改變了《滾石》雜誌的形象。這本從六十年代就存在的雜誌，在熟悉的概念被推翻以後，訂閱量和廣告業務大爲提高。

對全球商場人士而言，唐與布瑞思奇 (Dun & Bradstreet) 是一家擅長提供企業經營資訊的公司。就是這樣，不多不少，沒有人認爲它還提供任何其他服務。其實，他們還專精於企業知識的蒐集並且提出遠程的觀察，其準確度可說無人能比。所以，他們把系列廣告的主題設定爲「我們可以看見別人看不見的未來」，成功地創造了一個品牌存在的好理由。這些廣告把唐與布瑞思奇公司的地位提昇爲商業諮詢顧問。

在法國，羅迪服裝捨棄了原有的形象，從一個典型的、保守的成衣公司，轉變爲一個現代色彩強烈的品牌，敢於表現女人情緒化和極端纖細的一面。結果羅迪果然成爲有自信、很活潑、又不失女人味的女性消費者的最愛。爲期五年的廣告系列，使得羅迪的消費群平均年齡整整下降四歲。當婦女穿著羅迪的衣服時，她們不只覺得這個牌子與衆不同，也覺得自己與衆不同。

巴托・巴格・黑格第廣告公司 (Bartle Bogle Hegarty) 爲李維牛仔褲在歐洲做的廣告，頗值得讚許。他們採用的策略其實無甚新意，李維牛仔褲在歐洲銷售已有三十年之久，有趣的是他們回顧李維牛仔褲歷史的方式。

有一支李維牛仔褲的黑白廣告是這樣的：一開始，鏡頭從一個汽車駕駛的角度看出去，開在一條顛簸不平的路上，當這個穿著李維牛仔褲的陌生人走出車外時，背景音樂變得越來越緊張。我們的目光隨著陌生人走進一間老舊的商店，面目嚴肅的店主，正在招呼一個婦人和她年輕的兒子。接著店主轉向那剛走進的陌生人，而鏡頭集中在婦人輕瞄陌生人時無法苟同的眼神。陌生人伸手將一小罐保險套放進口袋，店主和婦人都嚇呆了。這時，我們還是看不到陌生人的臉，只看到這個神祕的陌生人走回車裡，然後開往一間維多利亞式的民宅。陌生人跑上階梯按鈴，門開了，應門的竟然是那嚴肅的店主。這時，我們以爲會有一個年輕的女孩跑下樓梯，但出人意外地來個大轉彎，一個英俊的男孩跳下來迎接他的情人，而那身穿李維牛仔褲的神祕陌生人原來是個美麗的女孩。男孩飛奔而出時，他爸爸一個字都還來不及說出口。最後，鏡頭停留在驚嚇老父的臉上，旁邊打出一行字：「放錶的口袋。一八九三年設計迄今，始終任君折磨。」(Watch pocket. Created in 1893. Abused ever since.)

從來沒有一個廣告能像李維牛仔褲把貨真價實的感覺和現代感結合得這麼美好。其他的李維牛仔褲廣告影片也採取類似的風格。在一支廣告影片裡，我們看到牛仔褲的皮帶環原來是爲了方便打美式橄欖球而設計的（因打球時球員會互相扭拉）。而另外一支廣告則告訴我們，李維牛仔褲摒棄了褲襠的鉚釘設計，原因是發現它們可能會發熱而造成不便。還有一支廣告談到世界大戰時因貨源短缺，人們咬緊牙關以保持李維牛仔褲的完好。李維牛仔褲用稀奇古怪的方式來創造品牌形象，增加產品的新鮮度，它的幽默訴求也每每贏得人們會心一笑。面對這種創意表現，大家毫無選擇，只能繳械投降。

## 複雜化

改造品牌形象、創造品牌形象、複雜品牌形象，多麼難讀難懂的一串字。然而，這些觀念都在反覆告訴我們，想變得不平凡，就要拒絕「簡化」。簡化會讓人丟臉，並且有害。

在法國米其林輪胎公司的總部，三百個化學家和五百個物理學家負責研發工作。聽來也許難以置信，但是理論上，一個輪胎幾乎和一架飛機一樣複雜。相對於氣流之於飛機，輪胎在陸地上也必須承受許多來自地面和底盤的反作用力。大部分的人都不知道，輪胎其實是一種高科技產品。

當然，很多人都知道米其林輪胎品質優越，但究竟多麼優越就不清楚了。米其林在它的市場裡可說是無與倫比的，它不但是耐用和性能的保證，還更進一步擔保，米其林提供持久的超越性能。這種保證在輪胎製造技術上來說是非常困難的。所以，廣告商別無選擇，就用一種說教的語氣，來凸顯米其林和其他競爭對手之間的差別。爲了說明產品的優越性能，廣告必須再三強調生產技術上的困難度。也就是說，它必須強調產品的複雜性。

許多產品，尤其是一些不引人注目的產品，也像米其林一樣，需要強調產品的複雜性。

家用品也好，水電資源也好，大家認爲這些東西都差不多，不用多費心思。有鑑於此，我們建議法國生產家用品的主要廠商，讓大衆明白，生產家用品的技術是精細的，比方說，解釋每個家庭平均每天開關冰箱一百二十次，對於冰箱所造成的折損。我們也建議公共用水工程和國家電力協會做同樣的工作。現在，法國人不再視自來水與家用電爲理所當然。

我不會走極端地認爲，所有的廣告都應該沈溺在複雜的概念裡（雖然許多美國科學家和法國哲學家樂此不疲），但是，許多的廣告眞的太簡約了。我們不接受簡化，和因簡化而引起的陳腔濫調。對於某些產品，我們需要將其複雜化。對於習慣了簡單概念的廣告人來說，複雜是一個顚覆的想法。

## 爲何顚覆

前面提過，顚覆不是一個特別高雅的名詞。更糟的是，我們對這個名詞的解釋很容易令人誤解。對某些人來說，當我們第一次向他們介紹顚覆主張時，顚覆這個字眼似乎帶給他們一種瓦解、混亂、不安的感覺。我們對這些人的回答是，顚覆主張不是要顚覆品牌，而是要顚覆傳統。況且，顚覆的目的就是要造福客戶，就這麼簡單。

## 顚覆前的評估

如同前面所說，顚覆可以分爲不同的層次。我們在亞洲的夥伴貝堤（Batey）廣告公司也深有同感。這種分類的概念來自艾格爾・安索夫（Igor Ansoff）對於亂流程度的區分原則。安索夫主張，不同的亂流需要不同的應變措施，他還強調，當亂流的級數增高，就應該要預測而非後退，應該要把握機會而非處理問題。我們主張品牌應該想辦法爲自己製造一點亂流。也就是說，做點不同的事以攪亂市場的平衡。康柏（Compaq）電腦公司就用過這一招。它率先降價，使其他電腦廠商吃了一記悶虧，如今它已經是領導品牌。西南航空公司的做法則是把力氣集中在區域性的航線，而且不再迎合所有人。網景公司（Netscape）將它的網路瀏覽軟體免費送人，希望藉著口碑使軟體流行起來。

顛覆必須要配合市場狀態、亂流程度和品牌本身的成熟度。因此，顛覆之前必須先評估顛覆的需要程度。不管你想製造的是像可麗柔或BMW之類的小亂流，或是像豪雅手錶和維菁之類的大亂流，最重要的就是要事先評估。

## 顛覆可以重建品牌

品牌就是資產。越來越多的公司將這個無形的資產放進損益平衡表內。品牌權益聯盟（Coalition for Brand Equity）理事長賴利・賴特（Larry Light）曾經指出，品牌與消費者之間的關係，比品牌本身重要。他說：「品牌忠誠度就是企業最重要的資產。」你也許覺得奇怪，如果品牌忠誠度最重要，那我們怎能建議製造顛覆呢？由表面上看起來，這一點似乎互相矛盾。

但這只是從表面看來矛盾。既然萬物變動不居，品牌豈能固定不動。一個品牌應該要經常轉動、進化；它不能停頓，應該要日復一日地建立並加強自己的資產。

如果一個品牌安逸於傳統，不質疑自己，而且完全延續過去的做法，要不了多久，這個品牌就會顯得怠滯不前。品牌需要新觀念和新機會的滋養。消費者需要感受到品牌敏於認知時代脈動，並且跟得上時代。所以，顛覆和品牌忠誠度之間並不互相牴觸。如果企業和品牌不願顛覆，消費者可能會對品牌感到厭倦。藉由顛覆，消費者的注意力與忠誠度都會復甦。

這就是顛覆的最終結果。它引導人對產品生出新的想法和認知；它鎚鍊我們原本熟悉的品牌，讓品牌再度光芒四射；它讓品牌重現生命力與動力，使原本忠誠的人更忠誠。

有些品牌讓人覺得它們眞的發展出一套自己的信仰。在美國，這樣的例子包括西南航空、玩具反斗城、班與傑利冰淇淋、施奈普水果茶（Snapple）和MCI電話公司。施奈普水果茶的廣告，把焦點放在它與消費者之間的關係，甚至鼓勵消費者，寫信告訴施奈普水果茶一些關於消費施奈普水果茶的故事。MCI藉著別出心裁的系列廣告，具體呈現出科技也有討人喜歡的一面，藉此拉近它與消費大衆的距離。這些品牌都創造了顧客的忠誠度。它們一開始就選擇了與顧客保持親近關係的這條正確道路，然後經由某種程度的顛覆策略，提供消費者一些新鮮的廣告內容。這是它們能在過去十年雄霸市場的原因。

我曾經在一個法國商業雜誌裡爲文，強調廣告的最終目標是要給品牌更多的意義、更深的實質、更重的份量。這篇文章的標題是〈想得深厚一點〉（*Think Thick*）。我在文章中說，一個品牌不能因爲有人購買就自鳴得意，它應該進一步把購買視爲一個參考點，讓消費者在購買以後告訴自己：「眞高興買了這個東西。」因此，廣告人的工作應該要給予品牌更深更廣的意義，例如蘋果電腦幫助我完成夢想，歐蕾乳液舒解我的緊張，李維牛仔褲獻給那些寧爲女人的女人，耐吉催促我全力以赴，百事可樂讓我成爲新一代的一分子。這些品牌名字都帶著某種程度的深度或厚度。它們都是市場偶像。廣告賦予它們精神和朝氣，並在流行文化裡取得一席之地。這些品牌有見解，也因此能超越市場的界限。相形之下，他們的競爭者就缺乏了意義和深度。

## 顚覆之旅

顚覆也是一種跨國的資產。比方說，豪雅手錶是一個世界性的品牌，丹酪和維菁也即將成爲國際性的品牌。ＩＫＥＡ，哈根達士冰淇淋和施奈普水果茶也都很容易外銷。在它們行銷全球之際，顚覆也可以從一個國家移轉到一個國家。

在品牌生命的某個時刻，李維牛仔褲、蘋果電腦、耐吉運動鞋、百事可樂和班尼頓（甚至近年來的可口可樂），都決定要創造品牌顚覆。每一次顚覆，都成爲一種強化品牌理念的建設過程；每一次顚覆，也改變了消費者對於品牌的認知。楊雅廣告公司曾說：「品牌就是消費者貯存在腦海中的印象。」上述這些牌子深入人心，在全世界各地的消費者腦海中留下持久的印象，此所以他們能風行全球。

還有一個顚覆的例子，是一個不僅重振雄風，還因此邁向國際化的老品牌：丹酪乳品。五年以前，我們建議丹酪推出一系列以健康爲主題的廣告。這些廣告的顚覆之處，在於它帶著一種政令宣導的味道。在其中一支廣告影片裡，我們看到一個男孩、他的父親、祖父和曾祖父。旁白告訴我們：「今天的人平均可以比上一個世紀的人多活二十年。營養的改善，是造成這種差別的主要原因。明天，感謝醫學研究的發達，飲食會成爲我們基本的防衛武器。我們將更有機會看見這個年輕人有多麼像他的曾祖父。」廣告接著介紹丹酪健康中心和它形形色色的研究投資計畫。最後，廣告以一句話作爲總結：「丹酪爲你的健康負責。」

用一個四代同堂的家庭來表現生命的希望，是一個相當漂亮的創意。這也是丹酪品牌溫暖親切的地方。丹酪的健康中心已經擴展到六個國家，未來它將會更普及。在法國，每年都有人做「最受消費者喜愛的品牌」調查。五年前，丹酪是第四名，已經相當高了，而且愈前面的這幾個名次一向是最難爬升的。今天，丹酪已經躍升爲全法國第一。

## 改造利器

企業坐享其成、靜觀其變的時代已經過去了。它們所擁有的，可以隨時被任何人拿走。市場任人切割與瓜分的時期也已經過去了；就算是市場領導品牌，也無暇暫時放下武裝，休息片刻。今天，企業必須不斷鞏固既有市場，還得向外尋找新的領土，即使只是打個盹兒，都可能吃到苦頭。有人說，最好的防衛就是進攻，這句話在現世益發眞實。企業必須了解，只比對手好一點點是不夠的。

所以，廣告人必須發揮創意，必須明白，創意帶動改變。

太多廣告局限於既有策略，忙於維繫原有定位，所用的語言也總是停留在過去，盡是回溯品牌的根源與歷史，卻忘記了廣告可以是一個改造現況的利器。廣告可以提出一個未來的構想、促使品牌向前行，也可以成爲一個象徵，描繪一個更美好的明天。

所以，顛覆主張的目標，在於幫助企業與品牌「躍進」：這裡的躍進，指的不只是創意的躍進，也是策略的躍進。顛覆象徵著與過去決裂，意味著從現在朝向未來跳躍。它不只是一種哲學，也是一種實際行動與一種心理狀態，一種可以製造混亂、刺激轉變的訓練。如果你不試著改變，有一天你就會強迫被改變。

# 4

# 美麗的躍進

## 從比對傳統開始

1968年，佛斯布瑞在墨西哥奧運會上，
展現了一種革命性的跳高方法——背滾式，
成爲那年的跳高冠軍，並打破世界紀錄。
佛斯布瑞正是一個顛覆傳統的例子，
他捨棄前人沿用多年的腹滾式跳高法，
因而造就了一次美麗的躍進。

一直到一九六八年，維拉里・布魯默（Valeri Brumel）仍然是世界跳高紀錄的保持者，因爲他是歷史上第一個成功躍過二・二公尺的人。他的姿勢乾淨俐落，動作接近完美。他的卓越成績證明了簡單明確的風格是致勝的要鍵。那個時候，每個人都用同樣的方法跳高——腹滾式。

然後，狄克・佛斯布瑞（Dick Fosbury）出現，打破了腹滾式的傳統。一九六八年在墨西哥，佛斯布瑞展現了一種革命性的跳高方法——背滾式，這使他成爲那年奧林匹克的冠軍。直到今天，跳高選手還沿用佛斯布瑞的方式來跳高。

在佛斯布瑞以前，從來沒有人想過除了腹滾式以外，還有什麼別的方法可以跳高。布魯默代表的是傳統——即便他的表現可謂登峰造極。佛斯布瑞代表的是顛覆，一個美麗的躍進。但是，顛覆總要有一個起點、一個基礎。我們必須試過、做過、想過，才知道盲點在那裡。如果沒有根基，是不可能創造出斷層與決裂的。

## 傳統是顛覆的起點

我們已經明白，顛覆是一個包含三個步驟的過程。其中第一步就是要比對傳統。以傳統爲觸媒，爲顛覆催生。

在我們進一步解釋傳統的意義以前，讓我們先看看字典的定義。字典裡的「傳統」指的是「一個被認可的規則，一套思考和行爲的慣例，並且與其他既定規則配合進行」。換句話說，傳統是所有不假思索就全盤接收的「約定俗成」的事物總集合。這些「約定俗成」往往已經深入生活的每個角落，以致於我們不再深究它們的意義。換言之，這些傳統一點也引不起我們的注意。

大部分的人都沒有想過挑戰傳統問題。但是，大都會公司（Grand Metropolitan）的負責人艾倫・謝坡得（Sir Alan Sheppard），曾經說過一段發人深省的話。他承認改變的確會帶來不安的感覺，也可能會引起衝突、製造憂慮，然而，他深信，唯有改變可以發揮人的潛能，使人成爲企業家。因此，他期望他的員工能找出新方法來做舊事情，務必把「可能」的範圍擴大。他提出一個叫做「反萬有引力」的管理方法，強調這個方法是「用一個清楚的策略來重整混亂」。他的說法非常鼓舞人心。他甚至改寫了海尼根的廣告語，用來鼓勵公司同仁勇於追求轉變：「沒有任何文化能像改變這樣讓你精神大振。」

謝坡得的例子印證了一個我們憑直覺就明白的道理：習慣讓人舒服，所以妨礙改變。因此，要展開躍進，首要之務就是要找出所有的約定俗成。想要走向顛覆，應該把傳統當作我們的出發點。

## 三種傳統

傳統無窮無盡。我們的信念完全植基於各種傳統。但是，當焦點是與傳播和顛覆相關的議題時，我們只考慮三種傳統的類型：市場傳統、消費者傳統和廣告傳統。

## 市場傳統

從市場的傳統裡，我們可以知道客戶如何看待自己的角色、目標、產品與競爭對手。常見的市場傳統包括：採取產品延伸策略可能會稀釋品牌形象；人們對某些產品本來就沒有興趣；電腦是專業人士的專業用品；提高零售業銷售量的方法就是降價與促銷等等。這些傳統的、根深蒂固的成見，嚴重影響了市場策略。

讓我們回過頭來看看輪胎這個產品。一般說來，消費者對輪胎不會有太大的興趣。在法國，只有約百分之二十的駕駛人知道自己車子的輪胎是什麼牌子。如果產品的本質眞的很無趣，我們何必花精神去改善產品的性能呢？還有，廣告對這麼無趣的產品來說大概也是可有可無吧？反正誰也不會注意它。如果一定要做廣告，與其強調輪胎的條紋、形狀、彈性係數這些無聊的產品細節，不如做一些花俏討好的廣告。

這些想法都來自市場面的傳統迷思，可是被米其林輪胎推翻了。在歐洲，米其林的競爭對手做的都是品牌形象廣告，與產品功能毫不相干。這種做法正是沿自傳統的思考方式，而米其林卻提出了挑戰。米其林的廣告充滿了高科技感和專業的字彙。他們甚至硬把數學方程式擠進電視螢幕裡。如果傳統的想法是正確的，恐怕沒有什麼觀眾會記得這些廣告，而且，跟其他輪胎廣告比起來，恐怕更沒有什麼人會喜歡這些廣告。結果卻恰恰與傳統的想法相反。米其林的廣告與產品評價一直相當高。米其林證明了任何產品都可以是有趣的。

## 消費者傳統

消費者的傳統通常是一些先入爲主的想法，或是些人人認同的觀念。這些想法和觀念隱含在日常用語裡，因過度使用而變得沒有意義，比方說「簡單就是好」、「眼見爲憑」與「百聞不如一見」等等。消費者的傳統也可以是一些關於產品的成見。當人們購買香水、衣飾、烈酒與各式各樣的產品時，很難逃脫先入爲主的想法。舉例來說，很多人都主觀認爲，便宜的家具品質一定很差，保險公司一心只想逃避責任等等。尤其當大家把消費行爲與自己原有的成見混在一起時，傳統的影響力就更深了。這麼多產品，這麼多意見，這麼多傳統。行爲與信念造成無數的傳統。

很多產品看起來大同小異。想想看，那些排名前幾名的租車公司，他們提供的服務大致相同，給人的感覺也都差不多。但是赫茲租車公司拿這一點大作文章，強調大致相同不等於完全相同。三年來，赫茲一直在廣告裡強調：「租車公司有兩種，一種是赫茲，一種是和赫茲差不多的。」藉由這個「差不多」的主題和主題背後的承諾，赫茲不要在消費者心目中只是個差不多的租車公司。面對削價促銷的現況，赫茲認爲自己不可以、也不應該掉進這個惡質競爭的遊戲裡。對於消費者「差不多就可以」的成見，赫茲提出了挑戰。赫茲的廣告提出同中有異的想法，讓我們對於赫茲競爭對手的服務品質產生懷疑：眞的大同小異嗎？

## 廣告傳統

廣告的傳統指的是一些廣告製作與表現的常見手法。這些手法往往會影響廣告人的決策。比方說，家用品最適合用解決問題式的廣告手法；汽車廣告裡一定要展示汽車的內觀、外型；飲料廣告就是要賣生活形態；洗髮精的廣告應該把重點放在使用後的結果上；啤酒廣告一定要再三向消費者保證它的口感不變……

廣告業裡充滿符號，而且似乎太多。每一類型的產品幾乎都有一套固定的表現方式。你大概不曾看過沒有模特兒的美容用品廣告、不強調色香味俱全的食品廣告、缺少艷陽高照的旅遊廣告，以及沒有醇酒美人的烈酒廣告吧？各類產品有自己的規則，就像每個廣告公司自有風格。

因此，廣告傳統就是指廣告公司在處理某些個案時，因長年累月的積習，不假思索地採用固定不變的廣告方式。舉例來說，一般而言，成年人是狗食、貓食的主要購買者，所以大部分的狗食、貓食廣告都把訴求的重點放在成年人身上，這是一個廣告的傳統。但是，桂格的狗食廣告專心對小孩子說話，因爲在荷蘭，百分之五十的狗主人是小朋友。桂格的策略一反傳統，把焦點放在孩子和寵物之間的感情上。這個個案非常特別，因爲它既不對購買者訴求，也不對使用者喊話。

## 意見也是一種傳統

事實固然有影響力，人們的評價和意見有時比事實更具威力。但是蘋果電腦、米其林輪胎和可麗柔香草洗髮精都採用了一套和大衆的意見背道而馳的廣告手法。換句話說，它們決定站在一個與傳統觀點對立的位置。

要區分事實和意見並不容易。有時候一個看法會被誤認爲是一項事實，因而被奉爲金科玉律。所以，廣告能否成功，關鍵之一就在於能不能區分事實和意見。區分的祕訣無他，端看是否詮釋得宜。因爲資訊是相同的，誰能正確詮釋，誰就能獲得資訊眞正的價值。

拍立得相機不但可以捕捉生動的畫面，還可以把畫面立刻重現出來——這是一個事實。所以人們往往把拍立得留給生日或結婚之類的特殊場合——這是一個意見。大家忘記了，在其他數不清的情況下也可使用拍立得。爲了提醒消費者多多使用這種立可拍相機，拍立得推出了一系列與日常生活結合在一起的廣告，如水電工人拍照存證自己的作品、女人把她想要買的古董照片留在先生的桌上等等。突然間，拍立得成爲我們生活裡用影像串連起來的備忘錄。在每支廣告的結尾，都會出現同一個問題：「今天，拍立得爲你做了些什麼？」這個問題使消費者對拍立得的印象大爲改觀，他們體會到，自己對拍立得原來有一種先入爲主的

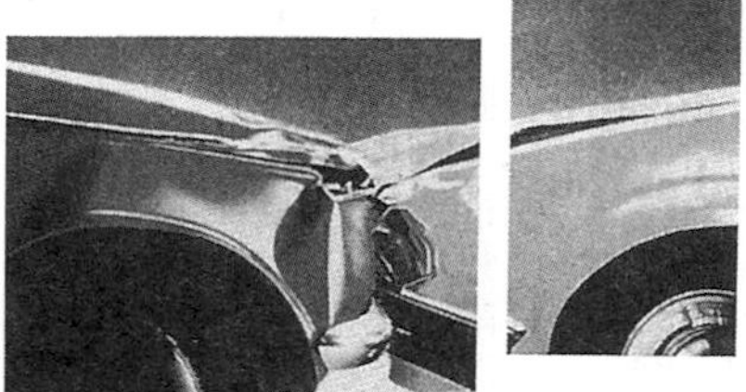

觀念。

不只消費者有偏見，市場也有偏見。比方說，品牌經理總是遵循相同的遊戲規則，認爲一個品牌應該像是一家大公司裡的小公司。也就是說，每個品牌必須營造自己的利潤、列出自己的長期和短期目標，並預估自己的廣告預算。品牌經理就像一個小公司老闆，需要決定花多少錢做廣告。如果丹酪乳品嚴格採用這種傳統的遊戲規則，那麼「丹酪爲你的健康負責」這種氣勢磅礴的廣告，就永遠不可能誕生。這一系列的廣告經費是由公司三、四十個丹酪的子品牌一起拿出來的。所以，經費分配的方式改變，正常運作程序動搖。

唯有打破傳統的思考或行爲，顛覆的概念才能實現，顛覆的效果才能持久。一個人人同意的意見就是一種傳統。所以，顛覆的訣竅就在於找出意見、反向思考，當你發現，意見原來可以被質疑，那一瞬間你會對自己說：「爲什麼會這樣呢？原來我從來沒有認眞想過這個問題。這個想法實在很有道理。」的確，一年只用一次拍立得實在蠻浪費的；輪胎不見得是個無趣的產品；小孩子對狗食、貓食品牌的選擇也很有影響力……每當我們開始懷疑自己的想法，就有一個傳統的觀念正面臨挑戰。

## 傳統不是什麼？

當我們提出推翻傳統的方法時，你可能以爲我們說的是換個方法做事情，只是我們說得比較好聽而已。但是我們的意思不是這樣。

傳統通常被我們內化為認知的一部分，是隱藏的想法，所以要脫離傳統不只是做到抽離自己而已。若沒有察覺那隱藏的想法，就不知道什麼是傳統；無法清楚辨認傳統，自然就不會有顛覆。所以我們不但要找出傳統，還必須把傳統從潛意識中抽離並顯現出來。就像德國人常說的一句話：「發明就是要見人所見，而後能想人所未想。」

有人也許會誤以為，推翻傳統就是跟每一個人唱反調。換言之，就是採取所謂的「反市場」策略。其實光唱反調是不夠的。這種想法是個危險的陷阱，「為反對而反對」的定位方式，可能會使得品牌變得毫無深度可言。有人會舉七喜汽水（7-UP）的例子，來證明「反市場」策略的可行性。當年，七喜汽水把自己定位為「非可樂」飲料，放手與可口可樂、百事可樂這些含咖啡因的碳酸飲料奮力一博，果然改變了可樂產品獨霸市場的局面。七喜的策略不僅符合「反市場」策略的標準，也符合了顛覆市場的標準，兩種策略剛好重合。不過，這種例子非常少見。

百事可樂、耐吉運動鞋與拍立得相機的廣告方式也都違逆了傳統。但是他們在各自產業裡所造成的顛覆都比較間接，也比單純的唱反調來得聰明一些。就像耐吉運動鞋與拍立得相機，你可以反對，但光靠反對還不夠，你必須要拿出一些額外的東西——例如一個新定位、新主張、新保證與新想法。

# 發現傳統

辨認傳統、挑戰傳統，要靠一套徹底背離主流的策略性思考方法。這套方法一開始就是要打破我們一般的思考模式。

## 忘記所學

要跳出自己的局限很難；尤其當你不能夠確定自己的局限究竟是什麼的時候，就更加困難了。要突破，你必須先知道你想從什麼框框裡走出來。前文所提及的在傳統上多下功夫也就是這個意思。我們長久以來都受限於自我認知的框架，所以當務之急就是要學習釋放自己。

想要發現傳統，就得釋放自己；想要釋放自己，就得忘掉所學，盡量試著讓你的心靈從過去的習慣與既有的知識裡掙脫出來。哲學家亨利・米蕭德（Henri Michaud）曾說：「一輩子的時間，都不夠讓我們忘掉所有學過的東西。」

忘記所學是一種訓練。它引導我們質疑，從過去到現在所有被視爲理所當然的事物與觀念，也使我們因他人的經驗和想像而受惠。忘記所學要我們用不同的方式來處理事情，並且拒絕接受顯而易見的解決方案。用顚覆的觀念思考事情，就是一種幫助我們忘記所學的好方法。顚覆並不容易。顚覆有一套截然不同的邏輯，而且需要長期的練習才能進入情況，但是，它的確是一個幫助我們跳出局限的觸媒，一個讓我們學會質疑自己的竅門。

## 異中求同

當你試著找出傳統的時候，你一定先想到一些許多人共有的反應與常見的習慣。換言之，你會在不同的人身上尋找共同點而非差異之處。

從這個角度來看，顛覆主張看事情的方式，與多數廣告公司的方法相反。廣告公司比較習慣收集相異之處，而非找出相同點。他們會畫一張品牌分布圖，勾出所有相關品牌在地圖上的位置，然後再釐清自己產品與競爭對手的界線。但顛覆主張的做法恰恰相反，它會先找出地圖中所有品牌的共同點，如果有共同點，如果各品牌共有某項特性，這些特性可能就是顛覆的起始點。

傳統不是某個特定團體專有的意見，它是不同年齡、背景與生活形態族群的共識。在任何一種產業裡，不同的品牌或產品給人不同的印象，使用某品牌的人與不使用某品牌的人，對該品牌會有不一樣的感覺。使用和不使用的人，各有自己的理由。即使如此，這兩種人可能還是有相同點。確認、比對出這些相同之處，就是顛覆的第一步。

當我們辦一場焦點小組討論會（focus group）時，我們通常會邀請某個品牌的使用者與非使用者齊聚一堂。在聽完兩方各執一詞以後，我們會設法找出兩方都同意的結論。這是一種找出共同點的妙方。我們透過這個方法得到若干重要的發現。比方說，在歐洲，不用漂白劑的人與使用漂白劑的人都相信，漂白劑最適合用來消毒；法國女人總是把麵粉放在碗櫃後面，因爲看不見，所以用得很少；還有，人們相信所有人在沖調即溶咖啡時總會多加一匙，即使是那些自己不這麼做的人，仍然相信別人會這麼做。

每當我們發現一個共同的態度或行爲，或是一些大多數人深信不疑的信念時，我們應該趕在競爭對手之前，好好兒利用這些想法來找到顛覆的種子。

## 挑戰傳統

我們的習慣根深蒂固，彷彿不可能改變；習慣像石頭上的刻痕，難以抹滅。由於我們不經心，有些想法自然就變得很熟悉。但是，當我們開始質疑自己的想法，並掙脫習慣的束縛時，那些隱含的疑點就會漸漸浮上水面。我們會不斷問自己：「爲什麼？爲什麼會這樣？」而接下來我們一定會繼續問：「爲什麼不能有點不同呢？」

對於傳統的挑戰應該從初步調查階段就開始。這個階段的目標，是凡事要觀察得更仔細一點。比方說，我們應該問自己：爲什麼成年人不喝牛奶？爲什麼標榜美國精神的牛仔褲比較受歡迎？爲什麼玉米片只適合當早點？爲什麼美國車一心想模仿日本車？爲什麼大家在早上喝柳橙汁？爲什麼啤酒廣告總是要標榜男子氣概和男人聚會的情境？想把傳統從它們藏身之處拎出來，需要一段時間，所以，你必須睁大雙眼，深入觀察。如果你不斷地問自己問題，終究會發掘一種甚至多種傳統。然後，你可以選擇一個最具潛力的傳統加以顛覆。

讓我們來看英國的啤酒廣告。英國的啤酒廣告是數一數二的好廣告，但它們還是有傳統。

比方說，市調結果指出，百分之七十的英國人說，啤酒屋是他們的主要休閒場所，這是事實。只有百分之二十的受訪者說會在家裡喝啤酒。而「社交活動」、「陶然自得」和「男子氣概」這些個字眼，是啤酒廣告不可或缺的元素。所以，廣告公司和客戶都認爲，廣告的場景一定要設在啤酒屋裡。這種想法就是一種傳統。這種傳統一直存在，直到海尼根證明，捨棄了傳統的廣告方式，廣告也一樣可以成功。它以「恢復活力」作爲廣告主題，成爲第一個掙脫啤酒廣告的刻板印象的品牌。

近年來，其他的英國啤酒紛紛仿效海尼根的做法，於是「不按牌理出牌」又變成了一種傳統。有些品牌注意到這個現象，決定再度跳脫傳統的包袱，尋找新的顚覆之道。比方說，開碩曼XXXX（Castlemaine XXXX）是一個澳洲進口的啤酒。它反對啤酒必須以原產地的風土民情作爲廣告訴求的重點。雖然它也讚頌澳洲的歷史傳統，但它表明自己是個背叛者。在麥酒的市場裡，莫非（Murphy's）將自己的品牌人性化，說喝莫非的人和莫非一樣，「不苦」（"aren't bitter"，bitter 指東西有苦味，指人時是說某人說話刻薄。）約翰・史密斯啤酒（John Smith Bitter）也是個特例。所有罐裝生啤酒都強調口感和泡沫，說自己是在家中就能享受的生啤酒。約翰・史密斯啤酒上市時，所面對的是一個很競爭的市場，它決定強調造成自己產品香醇的原因，而不形容飲用後的結果。約翰・史密斯啤酒挑戰了

廣告手法的傳統，後來成爲市場的領導品牌。

問對問題、辨認傳統、挑戰傳統，然後，顛覆就開始了……這個過程，不禁讓人聯想起跳高選手佛斯布瑞的例子。加州牛奶公會讓成年人瞭解，牛奶是任何食品的最佳拍檔，拍立得相機證明，立即拍是日常生活的必備工具，家樂氏（Kellogg's）玉米片讓英國人把早點當成隨時可吃的點心……想要在市場裡被聽到、被看見，我們需要顛覆主張。

## 不可推翻產業的立足根基

以事實呈顯出傳統後，各種傳統變得極易辨認。然而，我們不能因爲某個傳統可以導出一個非常顛覆的結果，就貿然挑戰這個傳統，我們應該先想清楚，這個傳統是不是這個品牌、甚至整個產業的立足根基。以比克（Bic）香水爲例，它曾經數度想推出包裝樸實、價格低廉的香水，企圖說服消費者，瓶子裡面的內容才是香水產品的關鍵。不幸它的努力每每以失敗收場，因爲「高貴」與「華麗」不僅是一種傳統，還是香水這個產業的立足根基。比克的做法太具破壞力，所以難免一敗塗地。

有些傳統不容推翻，有些則有顛覆的空間。要挑戰傳統，應該先學會分辨這兩者。

## 當前景先於傳統

顛覆主張有三個步驟，如果根據邏輯，我們會按步就班，先從「比對傳統」入手，接著

「進行顚覆」，最後爲品牌找到一個持久的定位（也就是所謂的「預設前景」）。然而，我強調過，顚覆不是一個線性的過程，它鼓勵我們從任何一個步驟開始進入狀況，所以，我們也會碰上「前景」先於「傳統」的時候。

## 預設前景

一個公司可以有一個預先設定的品牌形象。維菁音樂城、施奈普水果茶與耐吉運動鞋皆是如此。在這種情形下進行顚覆時，我們通常會先決定品牌未來的形象，然後再回頭追溯最可推翻的傳統。而連結前景與傳統的方式很簡單，就是想辦法找出妨礙品牌未來形象的傳統。比方說，零售業的傳統行銷手法，一定不贊成維菁那種訴諸流行文化的品牌形象。米其林輪胎的預設形象是非常科技導向的，而傳統卻認爲人們不會對輪胎有興趣，這想法就是米其林預設形象的障礙。拍立得想要把自己定位爲日常生活的用品，所以它必須先推翻自己原先那種特殊場合專用的傳統形象。

如果你能找到一個與預設前景衝突最強的傳統，你就可以把它當作顚覆廣告的起點。如此一來，將更快通往品牌的未來定位。

不久以前，共同自由（Liberty Mutual）在消費者的心目中與其他的保險公司沒什麼不同，然而，它最近的廣告完全推翻了保險公司長久以來嚴肅、冷漠的刻板印象。共同自由保險公司發現了一個定位圖上尚未被開發的位置——保險可以防患於未然，於是它決定用這個定位來向市場大衆介紹自己。

爲了證明自己是問題預防專家，每一支共同自由保險公司的廣告都介紹一種防範措施，包括降低汽車失竊率、增進工作環境安全與和教導青少年行車安全的相關知識。比方說，有一支廣告影片描述父母與剛學會開車的青少年爲了用車子而發生爭執，小孩因父母不信任他的駕駛技術而氣得大叫，並將房門用力摔上。然後廣告告訴我們，共同自由保險公司所提供的行車安全錄影帶，不僅可以幫助青少年，也可以讓父母更安心。現在，所有美國佛羅里達州的新手駕駛，一定要看過這部二十分鐘的錄影帶才能拿到駕照，其廣告效果由此可證。

共同自由保險公司這個品牌，爲整個產業開發了新機會。所以，前景是預設的定位，傳統則是問題的癥結。歐賓（Oddbins）是英國的酒商，它認爲買酒的經驗應該與飲酒的經驗一樣充滿歡樂。然而，這個想法（或者說預設的定位）與大多數競爭對手大相逕庭。在傳統的想法裡，酒一向被視爲高不可攀的藝術珍品。當歐賓把它的理念放進它的銷售系統、店面裝潢與廣告表現以後，成功地推翻了傳統的想法，找到了一個全新的市場定位。

## 具備顛覆本質的產品

如果產品本身就包含了不按牌理出牌的特性，顛覆會是一件水到渠成的事情。比方說，蘋果電腦、ＩＫＥＡ家具和釷星汽車，他們的本質就不看重所有先入爲主的觀念。反觀比克香水，它推翻產業傳統的手法是有問題的。所以，廣告人應該明白，自己只是個翻譯官，廣告的目的只是要反映出品牌的態度。蘋果電腦正面向IBM下戰書；IKEA以漫畫諷刺家具銷售員的效率；鈺星對日本車的優越提出挑戰——日本車花了十年的功夫打動人心，而鈺星只花了不到一年的時間，就推翻了「日本車最好」的觀念。

在上述這些例子裡，產品本身就具備了顛覆的特質，如果廣告能善用這些特質，顛覆就會自然產生。

## 質疑能力的養成

任何一個企業想要永續經營，就一定得質疑自己，察覺自己的傳統。爲了要這麼做，它必須匯集所有來自內部與外界的經驗。養成質疑的能力，也是顛覆主張的主要任務之一。

企業的智慧財產都會損耗，想要創造未來，必須把自己從傳統裡釋放出來。如果你只想鞏固自己既有資產，到頭來，一定會陷入一套死板的作業規範中。你會變得懶散、緩慢，你會逐漸失去質疑的能力。詩人兼哲學家保羅・維拉利（Paul Valery）曾經鼓勵每一個人，要從一個太久不變的想法中醒過來。

如果成功屬於那些勇於挑戰遊戲規則的人，那麼我們的目的就是要改變廣告的遊戲規則。廣告公司的當務之急，在於找回質疑的能力與好奇的態度，如果不會質疑、不再好奇，所有的市場成規就很難打破。總之，廣告人必須不斷地抵抗主流思想。

法國哲學家迪卡兒（Descartes）曾經說：「確信不移就是缺乏想像力。」要是我們從不懷疑，就不會有任何想法。所以，我們必須培養質疑的能力，把質疑當作一種訓練。在顚覆的過程中，早在比對傳統的階段就要開始質疑，因爲質疑可以幫助我們想清楚「爲什麼這樣」，然後，你就會開始問「爲什麼不能那樣」。如果做到這一步，就可以看清品牌未來的形象，品牌前景因而誕生。

# 5

# 未來不能預測，只能想像

## 用自己的眼光看世界

對於一個企業或品牌來說，

前景是一個存在的理由，

一種行動的方向，一股前進的力量。

企業的前景可以推動旗下品牌的定位，

而品牌的前景也可以使企業形象更充實。

「我要爲大衆造一輛車——用最好的材料和最優秀的員工。這輛車將會成爲現代工學史上最簡單的設計，凡是薪水階級都買得起。他們將在上蒼恩賜給人類的無限寬廣空間裡，與家人共度無數歡樂時光。」

一直到今天，福特汽車仍然信守上述的承諾。亨利・福特是個設定了前景的人。

「前景」（vision）這個詞已被用濫，意義盡失。《經濟學人》（*The Economist*）雜誌曾刊登過一篇文章，標題正是〈關於前景這檔子事〉，探討爲什麼前景的意義變得那麼模糊不清。前景似乎成爲一個被濫用的流行字眼。

儘管如此，我相信，前景一詞的眞義仍然能成立。企業快速地前進，快速地多元化，並且經歷了改造，愈趨走向權力分散。因此企業需要目標來集中力量，強化競爭力；這目標就是前景。企業有了前景，就可以導出行動的方向與力量。

福特汽車致力於汽車的大衆化；蘋果電腦讓人從專業知識的限制裡解放出來；波音企業使每一個人都可以做空中飛人；耐吉運動鞋實現我們做個超級運動員的美夢；CNN電視台馬不停蹄地爲全球觀衆提供世界新聞；本田汽車不只看重消費者的需求，也看重超越自我的意義，因此它製造了一輛輛突破生產技術極限的好車；諾德史壯百貨將逛街買東西提昇爲一種愉悅的經驗，它不只賣百貨，還是一個「提供終身友善服務」的企業。

美體小鋪的創辦人有一個獨特的想法：她認爲化妝品的包裝過於精美繁複，廣告也太多，因而增加了成本，使得售價相對提高了。因此她預設了一個美體小鋪的前景：以熱情、關懷和信任當做經營事業的基石。這個前景反映出她與其他競爭對手的不同之處。非常具顛覆性。

沒有前景，上述這些企業就不可能達到可觀的市場佔有率。認同企業的目標，比什麼都能振奮人心、鼓舞士氣。這目標是「前景」，它不但是一個理由、一種哲理、一份使命感，它還能激發品牌的多種可能性，往顚覆主張的方向前進。

## 重新檢視前景

現今，企業比過去更需要一個眞正的前景。企業應該往後退一步，重新審視對前途的看法，並且預設一個屬於自己的未來。就這一點而言，廣告公司可以扮演一個重要的角色——他們對於品牌的長期觀察與認識，可以幫助企業建立並鞏固企業的前景。

## 前景由夢想而來

未來往往是想像出來的，不是預測出來的。企業的前景亦復如此。前景不應該來自銷售報告，也不應該來自市場調查，這些證據和數據只能驗證一個假設的可信度。如果你由現在推算未來，這種理性的態度只用到了大腦的左半邊。要爲企業找到光明前景，我們需要從主創意的右半邊開始思考。

當然，前景必須要得到環境、產業與消費者這些外部因素的支持。不過，就本質而言，前景必須令人信服、激勵人心，前景必須大膽無畏、超越自己。前景，是由夢想而來的。

講求實際與預設前景並不衝突。設定前景，並且採取行動。沒有任何夢想成分的目標，執行起來是毫無生氣可言的。美國的民運領袖馬丁・路德・金（Martin Luther King Jr.）和已故總統甘迺迪（John F. Kennedy），向我們證明了夢想的重要性。英國文人蕭伯納（George Bernard Shaw）有一句名言：「有些人只看見已經發生的事情，並且問爲什麼會這樣。我則常常夢想一些從未發生的事情，然後追問爲什麼不能這樣。」這句話後來成爲羅伯・甘迺迪（Robert Kennedy）的競選標語。

## 令人嚮往的前景

事實上，前景就是企業的理想形象。它是一個趨近完美、因此也永遠達不到的理想。它像一場不會結束的障礙賽，既沒有終點，也沒有時限。前景的意義不在於結果，而是整個企業傾注全力的過程。

對我們來說，前景不只是一項任務或者一個立場。一個眼光遠大的前景，可以把企業和產品長久以來的經營理念，與消費者的眞實需求結合在一起。它是一次由現在通往未來的、大規模的、有野心的躍進。

好的前景令人振奮，令人嚮往。它是一些現階段無法達成的渴望，而且它能誘使人們朝它前進。前景也能啓發品牌的定位，就這一點而言，廣告可以發揮訊息傳遞的功能，在每一則廣告作品裡反映出品牌的前景。

前景還可以引導出顛覆主張，進而由此產生顛覆的力量。比方說，蘋果電腦的史提夫・賈伯斯提出一個想法：人應「役」電腦，而非「役於」電腦。這就是一個令人振奮且嚮往的品牌前景。沒有這個目標，李・克隆（Lee Clow）也不可能爲麥金塔電腦系列發想出像「你會知道，爲什麼一九八四一點也不像小說中的一九八四」這樣的絕妙標題了。這句口號讓每一個人瞬間明白蘋果電腦的意圖。這支「一九八四篇」廣告影片只播了一次，就達成極好的宣傳效果。

賈伯斯的想法，就是一個帶動了顛覆主張的前景。好的前景，不僅是目標，也是加速完成目標的動力。

## 品牌前景與企業前景

嬌生企業（Johnson & Johnson）的信念如下：「我們的首要之務是對醫生、護士、病人、家屬，以及所有使用我們產品的消費者負責。爲了符合他們的要求，我們做的每一件事都要以品質爲第一考量。還有，我們必須不斷降低成本，維持產品合理的價格；我們必須有效率地處理客戶的訂單，並且保證我們的供應商與經銷商可以得到一定的利潤。」

以上的信念是嬌生企業的前景。當我們把企業整體的前景落實到各個品牌時，會發現品牌前景將焦點放在不同的地方。比方說，嬌生嬰兒爽身粉的廣告，長久以來圍繞著同一個主題打轉：「五十多年以來，嬌生嬰兒爽身粉一直是母親表達愛意的工具。沒有任何其他產品能像嬌生嬰兒爽身粉一樣，象徵著母親純淨、不攙雜質的愛。」在我看來，這段文字正是嬌生嬰兒爽身粉的前景。經過數十年來的宣傳，所有的母親都知道這個產品代表的意義。

企業前景與品牌前景不一樣，兩者的想法及所用的字眼只有一小部分相同。在企業的年度報告裡，談起未來的發展，通常圍繞著市場、環境、組織和制度這些名詞打轉。這些是企業前景的重點，聽起來像是任務說明，因爲那正是它在企業發展過程裡所扮演的角色。你不應該用一種像談母愛那樣的語氣來談企業前景。

品牌前景就不一樣了。它需要一種人性化的語調，並且更以消費者的需求爲依歸。品牌前景的語氣與內容，必須要像是對每一個人說話。它是品牌的形象，也是品牌的力量。

## 趨近前景

前景不是一大群目標的集合。預設一個前景也不需要蒐集一大堆事實。建構前景最關鍵的部分，乃是依據一個中心目的來盡情發揮想像力。如果我們期許一個品牌前景發揮啓發的力量，那麼它一定要能夠反映出品牌的特質，並且描繪出品牌的未來。

## 瞭解品牌

瞭解品牌的人，就是最適合預設前景的人。對奈特而言，耐吉將永遠是「爲了健康而流汗，卻又充滿浪漫情懷」的運動鞋。有人曾經問他，爲什麼耐吉打不進休閒鞋的市場，奈特只輕描淡寫地說：「消費趨勢只是市場資訊的一部分，更重要的是自知之明。你必須要夠瞭解自己的品牌。」在嘗試失敗以後，他清楚地明白，休閒鞋並不在耐吉的品牌前景裡。

馬可・布拉克史東（Max Blockston）不久前寫道：「ＩＢＭ這幾個字，在不同的時間裡曾經代表過『一個企業』、『一種做生意的方法』、『一項解決問題的保證』，以及『顧客的安全感』等等。最近，決策者又推翻了一切，讓品牌重新回到『ＩＢＭ只是一種機器』。他們的做法，徹底改變了品牌的價值。」在過去兩年裡，ＩＢＭ締造了美國商業史上最驚人的品牌復甦經驗。在「新」的品牌定位下，ＩＢＭ企業的每一個面向都重新評估，許多經營策略改變，而這些改變也充分反映在ＩＢＭ的廣告裡。現在ＩＢＭ的廣告，捨棄了過去賴以成功的定位，「一個保證提供企業解決方案的企業」，而改視自己爲「一個專爲地球解決問題的好幫手」。ＩＢＭ回頭採用了最初預設的品牌前景。

前景既得有野心，又要合情合理。想要爲品牌找出一個碩美的前景，廣告人必須和品牌融爲一體，感覺它、瞭解它、摸透它。耐吉和ＩＢＭ證明，對於品牌的熟悉，可以導引出相關的前景。百事可樂和丹酪也是一樣。

在百事可樂的一支廣告影片裡，幾個十來歲的小孩坐在山坡上，一邊喝百事可樂，一邊看著人們搭建「再見伍茲塔」（Woodstock II）演唱會的舞台。其中一個小孩對另一個小孩解釋：「這是爲了紀念一個歷史事件所舉辦的演唱會。」另一個小孩問：「什麼事件？」第一個孩子回答：「水門事件。」感謝BBDO廣告公司，百事可樂維持得挺好。在這支廣告影片，以及其他以麥克・傑克森（Michael Jackson）或辛蒂・克勞馥（Cindy Crawford）等名人爲主角的廣告影片裡，BBDO把幽默和機智帶進了百事可樂的品牌形象裡。這要歸功於費爾・杜森貝利（Phil Dusenberry）二十年來的努力，在廣告圈裡，沒有人比他更瞭解百事可樂。

我自己也有幸能爲同一個品牌工作二十年。丹酪乳品在全世界各地都是健康與歡樂的象徵。然而，丹酪在某些國家裡比較強調「健康」的形象，在另外一些國家裡比較強調「歡樂」的形象。法國的丹酪和美國的丹酪就各自有不同的訴求。

在美國，丹酪的形象比較以健康爲主，提醒消費者重視飲食的均衡。它的廣告標語是「擁有一個丹酪好身體」。相反的，丹酪在法國的形象就與健康的距離較遠。爲了把丹酪形象往健康的方向推，我們最近推出了一系列以「積極追求健康」爲主題的廣告，內容包括了口味的教育、免疫系統的知識及平均壽命的報導等等。未來，我們還計畫推出以老年人均衡飲食爲重點的廣告。這一系列廣告讓消費者瞭解，食物就是天然的維他命，而丹酪每天都會帶給我們一點點有關健康的新資訊。

然而，不是所有丹酪的產品都適合以健康爲廣告主題。比方說，丹酪剛剛推出一種三層式（香草、牛奶糖和鮮奶油）的甜點，光聽就知道是個令人垂涎三尺的點心，顯然「健康」這個概念很難當作這個產品的中心主題。可是，我們又希望，這個產品的形象不要與其他的品牌形象互相牴觸。所以，我們決定同時強調健康與歡樂。從另外一個方向來想，丹酪以生產優酪乳起家，如果我們能把優酪乳健康的觀念放進來，其他的點心產品也能夠因而受益。換言之，同時強調健康與歡樂，可以幫助丹酪推出全新走向的新產品。

在美國，丹酪也找到了一個介於健康與歡樂之間的平衡點，但做法與它在法國的做法不同，強調的是因消費產品而產生的心理附加價值。廣告人發現，雖然丹酪的形象很健康，但是總不能老做一個「只是健康而已」的品牌吧？於是他們想到一個點子：在忙碌的一天結束以前，應該要吃一點好吃的東西來慰勞自己。這個「慰勞自己」的歡樂，就是丹酪除了健康以外的附加價值。有一支丹酪的廣告影片說：「健康的食物怎麼會這麼好吃？」這句話就是丹酪在美國的品牌前景。

一個品牌可能包含許多元素，儘管前景多半由一個最重要的元素延伸而來，但不表示其他的元素就不重要。但許多廣告人執著於單一訊息，把事情簡化成一個元素，爲了一個廣告而廣告，卻不是出自對品牌的考慮。

## 獨一無二

美體小鋪、玩具反斗城、釷星汽車等都有自己預設的前景。這些品牌，正是艾爾・萊思（Al Ries）與傑克・曹特（Jack Trout）口中「優勢定律」（the law of dominance）」的最佳例證。優勢定律的意思是說，搶先成爲市場第一，遠比改善現況更重要。行銷的目的本來就是要成爲某一種產業的領導品牌。如果在某個產業市場裡你並非第一，那麼你就應該想辦法，製造一個可以讓你成爲第一的產業。

偉大的前景可以反映這種企圖，或至少會支持這種企圖。它會讓自己的品牌看起來與其他品牌截然不同；它會自成山頭。比方說，代溝服飾不僅是一個品牌，也是一項流行趨勢的代名詞；鈓星汽車也正朝自己的前景努力。

從優勢定律，自然會推到萊思和曹特所主張的「集中定律」（the law of focus）。集中定律指的是將品牌與某一個名詞劃上等號。比方說，聯邦快遞等於「隔夜貨到」，富豪汽車等於「安全」，佳齒牙膏等於「預防蛀牙」，來舒等於「消毒殺菌」。集中定律看起來有點太過簡化，因爲要等同一個名詞沒有那麼容易。不過，它基本的原則倒還頗能適用：一個品牌必須擁有一些意義。與意義做連結，是唯一能使前景有效而持久的方法。「Just do it」使耐吉運動鞋的前景變得清晰而具體；「一生一世美麗的肌膚」，勾勒出歐蕾乳液的前景；而「爲你的健康負責」，替丹酪的前景作了最好的總結。

## 靈感來源

預設一個前景並不容易。理由很簡單：你並不知道自己在找什麼。要克服這個難題的方法就是問自己：「產品的前景應該以什麼爲基礎？」找到了靈感的來源，就能夠打開通往前景的大門。

靈感的來源可以分成三種層次：產品、品牌和企業本身。我們發現，要預設一個實在且美好的前景有以下三種方式：**在產品的層次上，我們可以重新定義產品性能，或者用新的觀點來審視產業；在品牌的層次上，我們可以依照品牌的長處來定位，或賦予品牌長處新的意義；在企業的層次上，我們可以強調企業的專業知識，或把重點擺在企業所扮演的角色上。**

即溶咖啡很難宣稱自己比研磨咖啡出色，然而雀巢金牌咖啡（Taster's Choice）在美國一直在朝這個方向努力。它的廣告影片看起來像是一齣敘述鄰居之間愛情故事的連續劇。故事開始於他向她借了一罐雀巢咖啡，他們的羅曼史說明了即溶咖啡不只是即溶咖啡而已——喝咖啡的目的在於連絡人際間的感情，製造生活裡的溫暖。這種做法避開了即溶咖啡本身的限制，證明了雀巢咖啡不只是好味道的咖啡而已。

在英國，蘋果酒（cider）的地位總是比啤酒矮了一大截，於是，蘋果酒的廣告總是拙劣地模仿啤酒的廣告。幸好傑克蘋果酒（Scrumpy Jack）這個品牌扭轉了局面。傑克蘋果酒的廣告策略是把產品擬人化。在廣告裡，每瓶傑克蘋果酒都以身爲可以做酒的稀有蘋果爲榮，並且近乎瘋狂地要保護那些蘋果。這讓蘋果酒產業經歷了一次換心手術。傑克蘋果酒以自己的產業爲榮，爲整個產業理出新的頭緒。

「好人」是一家位於加州的家電連鎖專賣店。敢宣稱自己是「好人」，可就得做到名實相符。幸好，爲這個家電連鎖專賣店工作的人，確實做到了。這群人對服務有自己的定義，他們認爲，好的服務就是全方位的服務。好人家電專賣店的廣告服務人員，可以爲顧客解決各式各樣稀奇古怪的問題。

「遊戲學校」(Playskool)是一個專門生產玩具的企業。它認爲孩子需要在鼓勵中成長。所以，它覺得自己不應該只是個玩具製造商，而應該是一個帶動兒童發展成長的企業。從嬰兒到幼兒，從觸覺到顏色，從寫字到建築，「遊戲學校」針對孩子成長過程的各種階段，設計了不同的玩具。「遊戲學校」的品牌意義不是玩具，而是一個幼教專家。

汽車上市是一件大事。相關的工作人員總要辛苦個好幾年，才能完全就緒，準備上市。在汽車產業裡，製造商通常稱第一輛裝配完成的車子爲「第一工作」(Job 1)。十五年前，福特推出一個「全面品管程序」，並且開始上線實驗。結果，這個「全面品管程序」爲福特帶來豐碩的成果。在一九九四年全美汽車排行榜上，福特成爲缺點最少的品牌之一，它與日本汽車的品質差距也降至百分之八。對美國車來說，這已經是非常難能可貴的成績了。福特的廣告詞「品質就是我們的第一工作」，已經成爲一個廣受歡迎的口號。在一九九五年的一項廣告測試裡，福特的廣告名列前茅，在消費者心目中，比 Lexus 汽車、

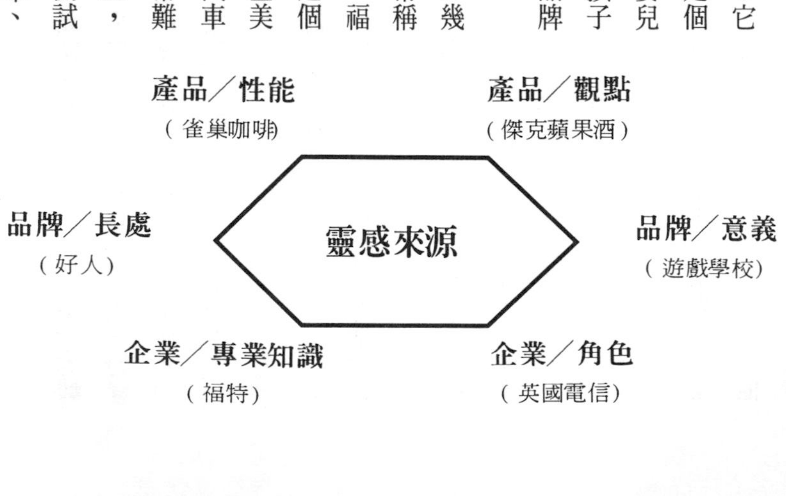

卡文克萊（Calvin Klein）服飾，甚至萬寶路香菸的分數都高。

最後一個靈感來源是檢視企業在市場上所扮演的角色。英國電信就非常擅長用廣告塑造自己的角色。它最有名的一支廣告，請到了知名的英國物理學暨天文學者史蒂芬・霍金（Stephen Hawking）爲代言人。霍金雖然半身不遂，仍然克服了諸多限制，成爲世界著名物理學家，並寫出了包括《時間簡史》在內的暢銷科普作品。當一個只能靠著語音機器說話的人對我們開口時，我們會仔細傾聽，也會明白，溝通是通往進步的唯一方式。在廣告裡，霍金透過機器對我們說，「人類最偉大的成就來自於討論，最大的失敗來自不肯討論」，我們完全可以體會他的寓意深遠。最後他說：「在現代科技的幫助下，只要我們還願意討論，我們所有的願望都可以成眞。」

這個廣告證明了英國電信並不以賣產品而自滿，不要只是一個媒介，而決心要扮演一個鼓勵人際溝通的角色。經由這個角色，它已經把自己從一個官僚機構，轉換爲一個人性化的、與生活息息相關的企業。

## 觀點：另類前景

對某些人來說，前景像是一個不著邊際的字眼。對於置身瞬息萬變的消費產品市場的人來說，尤其如此。他們總是說，一個企業可以有遠見，但一個品牌恐怕沒有能力做到洞燭機先。他們會問：「消費產品眞的可以預設前景嗎？像果凍或肥皀這類的產品能設前景嗎？」

我相信，不管是企業還是品牌，對於未來的想像絕對可以幫助我們看見更多。丹酪乳品和味香（Amora）調味料都是一般的消費產品，但是兩者都藉由預設前景，爲品牌發展出一些不同的、前瞻的意義：丹酪積極追求健康，味香則是口味教育。

不過，爲了能夠更精確地區別企業與品牌的前景，有時我會提議用另外一個字眼來表示前景的意義：觀點（viewpoint）。用觀點這個詞有兩個優點：第一，它還是包含了「看」的意念；第二，它比前景聽起來更具體一些。

星元咖啡（Starbucks）認爲，每個人都可以成爲一個咖啡行家；李斯德林漱口水（Listerine）認爲，它的藥水味就是清潔效果的最佳證明；在最近的廣告裡，雪碧（Sprite）嘗試拉近與年輕人的距離，它的觀念是「汽水的形象不重要，解渴才是重點。」

英國有一則休閒食品廣告：一個叫飛力斯福(Phileas Fogg)的人，從世界各地蒐羅了各式零嘴，諸如美國加州的墨西哥玉米片、印度口味的洋芋片等，但是他仍然宣稱，英國製的休閒點心最棒。廣告中說，這些是「來自原產地的道地口味，英國康賽特郡（Consett）生產。」大英帝國的最後一絲帝國主義餘暉。挺幽默的。

上述這些品牌有一個共同點：它們都是一般消費財，更明確的說，它們都是食品。即便如此，每個品牌仍有自己的觀點。它們不但透過觀點看見品牌的前景，而且還巧妙地運用了廣告把觀點表現出

來。

如果食品能夠採用這種觀點策略來預設一個品牌的前景，那麼一個廣播電台、一個渡假聖地、一個運動鞋的品牌，就更應該也更適合採用這種方式。比方說，丹麥的FFN電台最近播出了一段廣告：「今晚，就像昨晚與前晚一樣，電視上還是會出現一大堆充滿暴力的鏡頭。好笑的是，這些驚悚、恐嚇畫面的原意竟然是爲了取悅我們。我們建議您，今天晚上關掉電視，過一個沒有謀殺、沒有血腥、沒有暴力的夜晚。我們的電台有許多好節目，保證百分之百無暴力。」這種自我推銷的語調，與一般的電台大不相同。

地中海俱樂部對於渡假和休閒有很清楚的一套主張，它認爲自己是「現代文明的解毒劑」。無獨有偶地，挪威豪華遊輪（Norwegian Cruise Line）也有此看法。它的廣告說：「沒有任何法律規定你，不能在星期二下午四點鐘的時候調情作愛。」另外一則廣告說：「沒有任何法律規定你，不能研究日落或訓練蝴蝶；沒有任何法律規定你，必須帶著你的憂愁四處走動；沒有任何法律規定你，每天都得盡一己之力，爲提高國民生產毛額而努力不懈。」挪威豪華遊輪的觀點：唯有在茫茫大海中與世隔絕，才是眞正的出走，才是理想的療傷辦法。這爲它們創造了更多競爭籌碼。

很多人都記得電影《春風化雨》（*Dead Poets' Society*）裡，羅賓・威廉斯（Robin Williams）所演的那個英文老師，記得他那段論及不應順從現實的演講。以下的廣告旁白聽起來就像是他說的話：「每個人的成長過程裡，總有一個階段會領悟到，嫉妒就是無知、模仿就是自毀。

不管好壞，每個人必須學習掌握自己的命運。自我堅持，決不模仿……社會的每個面向都企圖抹滅每個人的人格。你必須相信自己的想法，你必須相信那些對你而言最真實的事物，你還必須打從心眼裡對每個人都誠實。」這段感人肺腑的話，是幾年前銳跑的廣告文案。這個品牌抱持一個獨特的觀點，「銳跑鼓勵你做自己」(Reebok lets U.B.U.)。

不僅銳跑敢於表明態度，挪威豪華油輪、FFN電台也是如此。這些品牌找出了自己的意義，然後運用這個獨特的意義對消費者喊話，表明自己的觀點。對這些品牌而言，觀點就是吸引注意力及找出定位點的方式。在這個時代裡，要讓自己的聲音在喧鬧的廣告中被聽見，越來越困難，而觀點可以提高品牌被議論的機會，可以幫助品牌佔據一個新的立足點。

品牌不應該只解釋自己是誰，自己在做什麼，而應該明白宣示自己的信仰與主張。如果你有自己的觀點，由於你的勇於表白，反對你的人至少會尊敬你。好的觀點可以指引方向，可以建立品牌與消費者的關係。所以顛覆主張強調，要找到一個立場。品牌必須用自己的眼光看世界。

## 品牌與企業的交互影響

一般來說，品牌與企業的前景是兩回事。但是，有的時候，兩者之間也可能會交互影響。讓我們看看幾個例子。

## 品牌等同於企業

品牌名就是企業的名字（例如BMW），這可能是許多品牌的最高理想。一方面品牌可以從企業文化裡汲取精華；一方面，品牌的好形象也可以使得企業形象變得更具體、更充實。

三十年來，BMW的工程師一直領導著整個企業和它的汽車。正因如此，BMW發展出一套獨特的方式面對市場，這套方式也影響了企業的文化。這些年來，BMW的工程師只有一個目標：確保BMW的聲譽。BMW的設計者，對於汽車的性能與駕駛的樂趣抱持很高的理想。他們拒絕妥協，竭力讓每個車型都成爲一款傑作。的確，BMW看起來與其他的車都不同，這種獨創性根源於對企業前景的絕對效忠。工程師們相信，這個世界上唯一不變的只有BMW精神。作爲一個企業，BMW從來不應市場的改變而有所調整；BMW的工程師們，藉由自己製造的車，表達自己對於這份不變的期待。

法國是蘋果電腦在世界上唯一還佔市場優勢的國家。它在法國消費者心中一直有一份特殊的地位。當蘋果電腦在法國推出麥金塔時，它的廣告宣稱：「該是資本家領導革命的時候了。」接下來的廣告也遵循這種風格。在其中一支廣告影片裡，有個教摩斯密碼的老師突然得知被解雇的消息，原因是愛迪生剛剛發明了電報。廣告接著說：「蘋果電腦之於資料處理，一如電報之於摩斯密碼。」

另一支廣告裡，富有的義大利商人正在告誡兒子獨裁的種種優點。他對兒子說，員工是雇來執行命令而不是雇來學習思考的，一旦員工有了自己的想法，事情就會鬧得不可開交。旁白說：「經營一個企業的方法有很多種，這是其中的一種。」接著，蘋果的標誌出現在螢幕上，旁白繼續說：「還好我們有別的選擇。」

蘋果電腦的廣告文案出色，創意驚人。在法國，蘋果電腦不只是一個革命性的科技品牌，還是一個挑戰傳統的企業；它的企業文化已經與品牌價值合而爲一了。

對於很多企業而言，預設一個野心勃勃的前景是絕對合理的。比方說，福特汽車與雀巢咖啡都讓消費者明確得知品牌與企業的未來。但這種自信（或者我們可以稱之爲策略）不是大型企業與領導品牌的專利。以兒福（Kindercare）托兒所爲例，它認爲自己的存在不只是要幫助孩子做好識字的準備，也是爲了要激發小孩的成長動能。嘉寶（Gerber）嬰兒食品，認爲自己是最接近母乳的食品。很難想像這些品牌有一天會消失，因爲它們太頑強了。當它們對我們開口說話，我們便預見它們成功的前景。

## 麥當勞

麥當勞（McDonald's）是全世界知名度第二高的品牌。經過了四十年的努力，麥當勞證明了企業和產品可以是密切相連的。

在法國，麥當勞的成功是最近不久的事——所以我想在這裡介紹它。十年前，法國的報章雜誌到處可見譴責速食業的文字，在這個以美食主義聞名於世的國度，漢堡的出現處處受到打壓。而五年前，很多人形容狄士尼樂園的開幕是「法國文化界的車諾比事件」。由此不難想見，幾年以前，新聞記者會用什麼樣的字眼來形容麥當勞初抵達法國的情景。

八十年代中期，法國的家庭結構起了一些變化。傳統的父母獨裁的局面不再，親子之間越來越平等。但是，現實的生活中，雙親出外工作，無暇顧及子女，看電視佔據了絕大多數休閒時間，家庭的互動受到影響。雖然外食的餐廳很多，可以讓全家暫時齊聚一堂，但是符合理想的家庭式餐廳少之又少。大部分的餐廳都是爲了正襟危坐的紳士名媛而設計的。

麥當勞恰恰塡補了這個空缺。在法國，它是第一個鼓勵家庭共享美好進餐時光的餐廳，因而成就了關懷每個家庭、瞭解社會現況的品牌形象。這與它在美國的成功有異曲同工之妙。在美國，麥當勞對現代的職業婦女說：「妳今天應該好好休息一下。」這句話充分而深刻地反映出職業婦女的心聲。

麥當勞的廣告反映了自己的信念：是孩子幫助父母發現麥當勞的。在一支廣告裡，幾個孩子爲了賺零用錢而幫父母洗車，然後用他們第一次賺來的錢，請爸媽去麥當勞用餐。在另外一支廣告裡，非常有尊嚴的老先生被孫子騙去麥當勞，意外地發現，用手抓漢堡是一種很有樂趣的吃法。還有一支廣告演的是爸爸教小女兒騎單車，當她終於學會平衡以後，她直奔麥當勞而去，爸爸只好跟著追去。

麥當勞餐廳本身，也帶有一種歡樂共享的氣氛。只要踏進麥當勞，就可以完全拋開外在世界的煩惱。這種氣氛充分表現在最近的一支廣告裡。在這支命名爲「好規矩篇」的影片中，一個老成的小孩，數落著她周遭所有不注意餐禮儀的成年人：有個人把手肘放在餐桌上，有個人邊吃東西邊看報紙，有個人偷他兒子的薯條吃，一對年輕情侶甚至當衆接吻。結尾的時候，這個孩子偷偷笑著告訴我們：「在麥當勞就是這樣。」

在法國，這句「在麥當勞就是這樣」，已經充分反映了麥當勞的前景。麥當勞與衆不同，它不僅是一個產品，也是一個去處、一趟經驗，是各種年齡與各種族群聚會的場所。麥當勞，似乎已經成爲沒有衝突、沒有仇恨的特區。法國也有一些窮人住在城市的邊緣地區，他們的生活通常很困難，又充滿了暴力，但是，由於麥當勞逐漸成爲「和平共處」的象徵，許多郊區的首長都歡迎麥當勞來到本地開業。麥當勞的表現也不負重望，多年來從未有任何暴力事件在店內發生，這個現象鼓勵了其他的行業來附近發展，因而重新帶動了地方的人情味。

誰能在十年前就料到麥當勞會有今天呢？十年前，法國只有二十家麥當勞；今天，卻有將近五百家！而五年後，預計會有一千家。原本因它的到來而驚駭不已的國家，現在卻成爲全球麥當勞成長最快速的國家之一。在法國，百分之八十的兒童說麥當勞是他最喜歡的餐廳。

時代不同了，世界在變，法國也在變。麥當勞在法國的形象絕佳。以前，麥當勞被視爲一家普通的速食連鎖店，現在則成爲最適合家庭聚會的餐廳。選擇麥當勞，或者其他。

## 品牌受惠於企業

信任一個企業，就會連帶信任它的產品。在日本，這種情形最明顯了。日本非常重視組織，在企業裡以公司名譽爲重。這可以解釋爲什麼日本人在買東西的時候，一定要先問清楚產品的製造企業。

「家徽效應」（noren effect）這個名詞，代表的正是日本人對於企業信譽的重視。很久以前，日本的商店關門時會拉下門簾，簾上印著店主的大名。這個印在門上的名字就是一個「家徽」，在過去象徵店主的聲譽；在今天，象徵整個企業的信譽。

由於品牌和企業如此密不可分，我們通常很難區分日本的企業廣告和品牌廣告。企業絕不會隱藏在品牌的背後，而會把自己名字當成一個廣告重點。西方的企業也注意到這一點，所以當他們的產品在日本上市，會把包裝上的公司標誌放大一些。

不只日本推崇企業名聲，英國也是如此。英國是許多著名企業的發源地，蜆殼（Shell）石油、BP石油、特斯科超市等等，都是英國的公司。最近有人對品牌的信賴度做過一個調查，英國的馬莎（Marks & Spencer）企業名列第一，百分之八十五的受訪者都投它一票。福特是第三名，擁有百分之六十五的信賴度。政客排名最後，只有百分之十三的選票。

全世界的消費者都變聰明了，不需要每天讀報紙就能明白企業的重要性；不是經濟專家也能搞清楚企業所扮演的角色。人們多多少少都知道歐蕾、雀巢、新力這些企業；人們買這些企業的品牌，正是因爲企業的品質保證。

越來越多的企業走上國際的舞臺，這種國際化的潮流是不會開倒車的。如果我們把品牌形象提昇到企業的層次時，我們的論述會變得更豐富，前景會變得更清楚。企業家安東尼・里博（Antoine Riboud）明確地知道，他旗下的七十個品牌該走向何處。他把BSN的名字改爲丹酪，因爲丹酪更能代表整個企業的價值。這是一個非常新鮮的作法——一個企業以它最成功的子品牌來命名，因爲這個子品牌有一個美好前景，足以領導整個企業。這種互動對企業的好處是難以估計的。

## 品牌儼然如企業

歐蕾乳液和汰漬洗衣粉（Tide）的全球銷售量從未公開過，但是我們猜也猜得出它們的規模，假設它們的營收可以媲美一些大企業——這種臆測應該不會太離譜。在美國，汰漬名下有十一種產品，歐蕾名下有二十五種產品，幾乎可以被定位爲企業了。在消費者心目中，汰漬的重要性和勢力範圍與一個大型企業相去不遠；美國婦女也許以爲汰漬是一個公司。

事實上，許多品牌表現得就像是一個企業。首先，有些品牌原本就用企業的名字，但是，企業後來被其他財團購併；有一些品牌原屬的企

業已經不存在，現在被畫爲大集團的一份子。還有一些品牌以人或物爲代表（例如肯得基炸雞），自然讓人以爲，那個人名、貨物名就是企業的名號。這些品牌的廣告佔有一個優勢：企業的名字往往比品牌的名字有利，原因是對於消費者來說，信賴一個大企業似乎比信賴一個小品牌來得有說服力。

還有一些產品一開始就擺出企業的姿態。比方說，當M&M巧克力採行教育計劃時，它用的是自己的名字，而不是企業的名字「馬思」（Mars）。當你想到美國的純品康納果汁（Tropicana）或歐洲的蘭蔻，你會覺得它們就是企業，這是因爲它們的產品線複雜、產品項目多元所造成一種的錯覺。

湯姆·彼得斯說：「當你買汰漬的時候，你買的是產品而不是寶鹼公司；當你買耐吉時，你買的是所有與耐吉有關的東西。」也許汰漬除了清潔劑之外還可以賣別的，欲達此目的，就要把形象提昇到彷彿是一個企業；一旦它像一個公司，你就會信任它。

當通用汽車想製造一輛與衆不同的汽車時，它不只設計了一個新車型，也創立了一個新企業。釷星汽車的成立，就是來自通用汽車的奇特構想。除了要生產在技術上具備競爭能力的汽車，通用也想設計一套全新的行銷方式。釷星汽車的廣告口號很簡單：「一輛不同的車子，一個不同的企業。」

## 當品牌代表國家

就像企業與產品，一個國家的形象也需要維持。當波蘭把自己的形象問題交付給龐克運動的創始人馬爾肯・麥克羅倫（Malcolm McLaren）時，很多人覺得這是個荒唐透頂的決策。事實上，很少人能像麥克羅倫一樣，把當代的人、事、物摸得一清二楚。麥克羅倫不僅瞭解時代潮流，還能預見並創造潮流。最近，法國也開始正視形象管理的重要：因爲執政者發現，由於在上位者的疏忽，整個國家的形象已經變壞。

從許多方面看來，人對國家的認知，一如對品牌的認知。人們有自己偏愛的國家，對它的情況瞭若指掌。因爲我們不可能熟知世界上所有的國家，所以常用兩、三項特質來認識一個國家。每個國家有自己的個性，就像一個品牌一樣。這點是很重要的。如果一個品牌可能會受到原產地的形象牽連，一個國家的形象也會被它出口的品牌形象所影響。

丹麥商會（The Danish Chamber of Commerce）曾經問我，應該如何在法國提高丹麥的知名度，以便幫助丹麥的進出口業。雖然在法國沒有幾個人可以正確回答丹麥第二大城是哪個城市，但是大多數人都知道，丹麥擁有好幾個一流品牌，例如樂高玩具（Lego）與嘉士伯（Carlsberg）啤酒等。於是我建議，把丹麥的國家形象建立在法國人對這些名牌的好印象上，利用它們表達出自然、優美和永恆這幾個特點。如果做好這個工作，不僅可以用品牌形象提升國家知名度與形象，未來的國家形象，也可以成爲丹麥企業進攻法國市場的跳板。

無獨有偶地，日本利用國家形象來行銷產品長達二十年之久。不過，請先別會錯意，眞正因日本形象而受惠的日本品牌並不多——至多十個出頭，但是，這十來個企業卻回頭帶給日本「超級競爭力」的名譽，使得許多其他的日本品牌也因而受惠。這些擔負起篳路藍縷之責的品牌包括：本田汽車、新力家電、精工手錶、六十年代的豐田汽車和七十年代的日產（Nissan）汽車等等。很多品牌因而搭上便車，從中受益。比方說，愛華家電（Aiwa）和三洋家電（Sanyo）本身並沒有什麼特別的形象，它們成功的主要原因就在於它們是日本產品。現在，日本產品在世界各地都赫赫有名，所有的日本品牌從一開始就擁有一項基本而無價的配備：日本的形象。

國家的形象可以增添品牌形象的色彩，反之，品牌形象也能對國家形象有正面幫助。如果依照上述丹麥與日本的做法，丹酪乳品、標緻汽車、雷諾汽車和米其林輪胎，都足堪擔任法國企業的親善大使。過去，法國人認爲法國企業的形象很普通，所以在海外行銷時，很少提及自己是來自法國的品牌。因此，沒有幾個日本人知道米其林是法國的品牌，也沒有幾個美國人知道丹酪原產於法國。所以，我呼籲法國應該要對它的企業形象預設前景，在我看來，這個前景很可能就是「致力於改善生活品質」。這項特質是形形色色的法國品牌共同擁有的特質，但是法國還未曾善用這個自我定位的機會。我們應該明白，偉大的前景可以是既擁抱過去又努力向前的。

設定了前景的國家，可提升本國品牌的競爭優勢。從歐洲人的觀點看來，買一雙耐吉球鞋、一包萬寶路香菸、一部ＩＢＭ電腦、一輛克萊思勒小型旅行車，或者一罐可口可樂，就像是買到一點美國的感覺，成全了一點美國夢。關於美國的神話，不論正不正確，總是能引發無限的遐思。《華爾街日報》曾經利用美國的形象做廣告：「三百年來，不斷有人來到美洲大陸這片土地上。大部分的人沒有帶財富來，卻帶著希望與夢想而來。《華爾街日報》相信，一個國家最珍貴的資產就是人民的希望，因為明天的成就，來自今天的夢想。」每一個美國產品都包含了一點美國夢。產品外銷時，夢想跟著外銷。這是一筆龐大的資產，簡直是一場不公平的競爭。

## 可口可樂精神

健怡可樂（Diet Coke）的例子，證明了前景可以影響品牌的一切。我和可口可樂的市場總監柴門聊過健怡的企劃方向。對我來說，健怡可樂最重要的問題，就在於決定品牌的前景是什麼。如果員工對品牌前景有共識，其他的事情自然可以推展起來。回想起來，那段討論有許多發人深省之處。

我認為，健怡可樂最與衆不同的地方，在於它可以繼承可口可樂的精神。基於這個理由，健怡應該強調「可口可樂」的品牌神話，而非「低卡、低熱量」的產品特性。雖然健怡與傳統可口可樂是兩種不同的產品，但既然沿用了可口可樂的品牌，也就繼承了豐富的品牌資產。所以，我主張健怡的廣告不需要從口味入手，它可以做得更有野心一點。健怡的廣告口號既然是「眞實的東西」（the real thing），那麼就要讓喝的人覺得喝到了眞實的可樂。

可口可樂一直是「眞實」的可樂。這個訴求看不見，但全世界的消費者都感覺得到。可口可樂後來改用「永遠可口可樂」（Always Coke）。幸好健怡可樂將「眞實的東西」回收使用，並且再創佳績。我相信，可口可樂的整體品牌形象也會因健怡的成功而受益。

在某種程度上，柴門同意我們的看法。最近，他決定不再以「低卡、低熱量」做爲健怡可樂的賣點。雖然他決定不再強調口味，他卻不贊成重新祭出可口可樂精神。不過，我還是相信，健怡有必要從品牌的歷史裡找出前景。六○或七○年代可口可樂的精神裡，應添加一些現代色彩；順應今日潮流，但維持傳統精神。

## 前景帶來的好處

品牌權益聯盟的賴特曾經說：「專利會過期，版權會過期，只有品牌永遠屬於你；**如果善加管理，一個品牌可以永續經營。**」

品牌不只是企業的資產，也是消費者的參考指標。品牌可以跨越國度，適應不同的文化，引導人對它產生相同的期望。一個中國的年輕人穿一雙耐吉球鞋，一個印度的母親喝 Evian 礦泉水，一個墨西哥的運動員吃丹酪的產品……在在是品牌越界的證明。品牌可以連接每個地方的人，使他們共享同一種消費文化。國際化的品牌策略越來越理直氣壯了，因爲它們促成了地球村的美夢。

前景就是品牌活力的泉源。前景可以整合品牌具體的功能與抽象的意境；前景還可以引導消費者認識品牌，進而產生認同。

## 前景建構出品牌價值

品牌有感性的心理價值，也有驚人的經濟價值。一九八四年的時候，澳洲媒體大亨墨鐸(Rupert Murdoch)把旗下的雜誌視爲品牌，納入資產負債表裡，當做資產的一部分。一九八八年，葛蘭麥(GrandMet)企業也做了同樣的事，以五億八千八百萬英磅的代價買下思美洛伏(Smirnoff)這個伏特加酒品牌。一九九四年底，根據評估，可口可樂這個品牌的價值相當於三百九十億美金。

從賴特的觀點來看，現今品牌的觀念，比歷史上任何一個時期都來得顯著。根據一項針對八百多家企業所作的研究，華爾街的股市投資客認爲，企業因營業額成長而賺到的一塊錢，其價值兩倍於企業因降低成本而省下的一塊錢。另外，根據品牌權益聯盟的調查顯示，平均而言，爲了贏得一個新客戶所花的成本，是保持一個既有客戶的六倍。那麼，是什麼東西讓既有客戶維持好感？是品牌。

你先創造一個產品，然後你給它一個品牌名字。慢慢地，品牌會逐步建立起自己的價值。如果說是品牌與產品分家了，可能有點過火，但是，品牌的確會漸漸拉遠自己與產品之間的距離。通常品牌的價值會比產品本身來得寬闊一些，比方說，丹酪這個品牌的意義遠在優酪乳之上。廣告公司應該仔細研究每個品牌的價值，然後將這些價值放進預設的品牌前景裡，並且加以發揚光大。

在英國，哈根達士冰淇淋成功的基礎，是一個簡單明瞭的前景：哈根達士不只是一種冰點，也是感官享受的極致。它的廣告把這個構想放大，以性愛爲主題，展現了一些情侶共享冰淇淋的火辣影像。這些廣告徹底改變了冰淇淋給人的印象，使這個品牌從五年前開始快速成長，其售價也比一般冰淇淋貴了兩倍以上。

在美國，「絕對」伏特加（Absolut）的價格比思美洛伏貴百分之五十以上。雖然如此，「絕對」伏特加的成長還是超過整個伏特加市場成長的速度。這個品牌能如此成功，完全是因爲它爲自己的品牌找到一個全新的市場：「絕對」伏特加不只是一瓶伏特加，它爲那些總是堅持完美而不肯妥協的人提供了慰藉。過去二十年來，沒有什麼品牌能在酒這個產業裡供應這樣的附加價值。「絕對」伏特加的成功，完全歸功於構想的新穎與廣告的出色。

一九八九年以前，大家只知道豪雅錶是一種運動錶。它的廣告以名人推薦居多，請來的代言人都是運動明星。這個品牌當時的定位是「健康」，每支手錶賣美金六百元左右，年營業額約爲二千五百萬美金。當豪雅錶決定調整品牌定位時，它的企劃人員問我們，怎樣使一個與運動有關的品牌轉變爲一個高級且奢侈的品牌。豪雅錶知道，這樣的轉變可以爲企業帶來更多利益，包括大幅提升銷售量。

這項升級計劃分成兩個階段進行。在第一個階段裡，我們推出了「壓力之下絕不退縮」

的系列廣告，表現出運動不僅需要體力與技巧、更需要專心與自制。一年之後，進入第二階段，廣告的做法又往前推了一大步。在不同的廣告裡，不同類型的運動員征服了自己的假想敵（鯊魚、炸藥、刮鬍刀片、五十層樓的高度等等）。經過這些努力，豪雅錶連結了運動品和奢侈品這兩個截然不同的世界。現在豪雅錶的平均售價在美金一千一百元左右。

豪雅錶的成功，在於它給自己預設了一個前景。前景不但可以增加品牌的價值，還可以用以看見品牌未來的價值。

柯林波拉公司（Collins & Porras）做過一項研究，發現預設了前景的品牌通常表現比較好。在這項研究中，設計了一個虛擬的投資環境，起始點設在一九二〇年。這個虛擬程式可以計算出超過二百家企業從一九二〇年以來，每投資美金一塊錢的投資報酬率。結果他們發現，預設了遠程目標的企業，表現得比那些沒有計劃的企業好得多，由此可證，成功與前景之間是有關的。

其實，這項研究說明了一個我們憑直覺就知道的想法：如果前景夠強，品牌就會更有活力。前景可以為企業塑造形象、增加銷售。前景讓品牌與衆不同。

## 前景帶動品牌延伸

在《二十二條不變的市場定律》（*22 Immutable Laws of Marketing*）這本書中，萊思與曹特譴責產品延伸策略。他們舉出許多有名的失敗案例，例如嬌生推出香水、皮爾卡登（Pierre Cardin）進軍廚具、比克香水公司生產絲襪，還有，米勒啤酒（Miller）、通用電器（General Electric）與愛迪達（Adidas）也是馬失前蹄的品牌。從他們的觀點來看，如果你不肯徹底抗拒品牌延伸策略，那麼你的產品註定會失敗。

產品延伸策略眞的是毒蛇猛獸嗎？我倒不這麼認爲。我認爲，利用既有的品牌推出新的產品，是符合經濟效益的做法，再者，市場已經過度飽和了，太多的品牌會扼殺品牌的機會，要知道，消費者光是見到品牌那麼多，便可能視品牌爲空頭字號。

品牌的擴張是無可避免的趨勢，然而，品牌擴張可能會稀釋品牌的形象，所以在延伸品牌的同時，必須繼續提昇品牌的價值，做到「產品水平延展，品牌垂直升級」。預設前景可以讓企業達成這兩個目標。比方說，丹酪優酪乳以「爲健康負責」的口號作爲企業的前景，結果不但提升了企業形象，也推動了副品牌（例如點心）的銷售。

廣告公司相當於品牌的監護人。品牌越是擴展，越需要謹愼管理。所以花點時間仔細思考，或者找個羅盤測定品牌的方向，都是很重要的。我們公司發展出一整套關於品牌延伸的課程，第一堂討論品牌的架構，第二堂列舉出應該避免的陷阱，第三堂則探討如何以主產品做爲品牌的根據。管理品牌，是一樁精密微妙的工作。

推出副產品不一定會稀釋品牌的形象，只要副產品概念能符合品牌預設的前景，它們不但不會拖累品牌，反而會使得品牌形象更穩固。比方說丹酪的生活優酪乳，藉由產品裡的Bifidus菌和清除腸內廢物的效果，它宣稱「我們在身體內所做的努力，會在外表顯現出來」。生活優酪乳的意圖更強化了丹酪健康的形象；這說明了品牌與旗下產品之間的關係。

在歐洲，旗幟鮮明的品牌比美國多。原因是歐洲的人口較少，每人平均消費額也較低，在這種情況下，既有品牌已經把市場瓜分殆盡，新品牌的出現變得非常困難，於是大家只好運用既有品牌的魅力。

在《麥迪遜大道何去何從》（*What Happened to Madison Avenue?*）這本書中，馬丁・梅爾指出美國企業看待品牌的心理障礙。他說：「產品有生命週期，但品牌沒有。歐洲人很早就瞭解了這個道理，但是美國人還不懂。」其實，美國企業已經改變了。過去五年來，討論品牌過盛的問題已經蔚爲一種風氣；許多企業領導人也都試著加強利用現有品牌。從九二年到九三年，超過百分之七十五的新上市產品都沿用既有品牌。

事實上，當新產品符合品牌的前景時，可以爲品牌注入一股新的活力。歐洲的麥肯（McCain）食品就是一個好例子。如果一個企業想買下一個品牌，代價往往很驚人，有時可高達原身價的二、三十倍；不過，卻可以用較便宜的價錢買到生產這個品牌的工廠。麥肯食品想通了這一點，決定買下爲知名品牌生產食品的工廠，配合麥肯自己在工業工程方面的知識與技術，在很短的時間之內，快速地提升了企業的生產力。接下來，麥肯藉由行銷與傳播的管道來整合旗下的系列產品，並且根據麥肯快速發展的腳步，創造出一個整體的品牌形象。

今天，麥肯的產品衆多，包括薯條、蔬菜、點心、即食餐點、橘子汁、冰紅茶和餐前小菜等等，橫跨了許多不同的市場。在法國，麥肯的業績在五年內增加了十倍。麥肯讓消費者相信，法國美食主義不一定是選擇食物的唯一標準；也就是說，麥肯做了一件幾乎不可能做到的事情：把美國食物帶進法國人家裡。麥肯的故事證明，一個平凡的企業也經得起市場的詭譎多變。

維菁音樂這個品牌也橫跨了好幾個不同的產業。它最初只是一個唱片公司的名字，而現在，它不但是文化商品的零售店（在全球有十六家超大賣場），也是一家電器製造商（生產音響、錄影機、家用電腦等等）、航空公司、旅行社、製片公司、電動玩具以及保險套製造商。最近，它還計畫推出可樂呢。在所有我知道的品牌中，維菁是最伸展自如的一個，由於有魄力，因而得以自由遊走在各個不同產業裡。

維菁音樂能有如是遠見，要歸功於一位勇於突破、創新、顛覆的人：理察・布萊森（Richard Branson）。誰能料到，當年一個音樂人，二十年後竟能讓英國航空和法國航空聞之喪膽？維菁展現了一種「忠於不同，勇於反叛」的狂熱，也顯示了抓住潮流與領導市場的才情，並以此成爲年輕一代的精神象徵。維菁音樂永遠對同一群人說話，它的每一項新產品或新服務都呼應了品牌形象。對於維菁音樂而言，品牌應不應該延伸，早就是過時的問題了。

## 前景恢復品牌活力

當新的廣告公司開始營運時，客戶多半會把有問題的品牌帶進來，這是一種測試廣告公司能力的好方法——反正問題品牌的狀況很糟，孤注一擲也不會有什麼損失。找一個新廣告公司試試的心情，有點像是給品牌最後一個機會。我們公司剛創立時就是這樣，處理了不少問題品牌，幫助它們起死回生。經驗告訴我們，前景越是清楚、明確、有力的品牌，越能夠在最短的時間之內恢復品牌活力。

比方說，我們把一個老舊的起司品牌「神的奇想」（Caprice des Dieux）脫胎換骨成一個具現代感的品牌，現在，「神的奇想」是一種簡單的零食，反映出一種輕鬆自在的生活方式。冠能堡企業（Kronenbourg）旗下有一個啤酒品牌叫做「一六六四」，原本暮氣沈沈，在加入一點性愛的暗示以後，重新成爲冠能堡的銷售生力軍。當品牌找到了一個富有朝氣的前景，銷售量也開始直線上升。

在美國，有幾個著名的品牌五十年以來一直屹立不搖。不過這些品牌並不是完全沒有遇到挫折與問題。五年前，克遊拉（Crayola）蠟筆和麗茲餅乾（Ritz）都面臨了銷售下滑的窘迫困境，所以它們不約而同地決定採取產品多樣化的策略，增加產品的顏色、改變產品的形狀，推出一些凌駕市場傳統的新產品。換句話說，這兩個品牌在過去五年裡經歷了一次重生的經驗。今天，克遊拉的產品不僅是著色的工具，而是小朋友發揮想像力時的最佳拍檔，同樣的，麗茲餅乾也不只是好吃的餅乾，而是隨時隨地的零嘴。

還有一些品牌歷史悠久，但是美國消費者彷彿才剛注意到它們的存在。滾石（Rolling Rock）啤酒和優鮮沛（Ocean Spray）紅莓汁就是兩個例子。滾石啤酒成爲雅痞的象徵，而優鮮沛則成爲最好的提神飲料。

還有許多品牌原來的形象已經模糊不清了，卻在二十年後忽然重現江湖，儘管品牌的定位絲毫未變，但隨著大環境的變遷，懷舊的形象突然又變得非常合乎時宜。這樣的品牌有彪馬（Puma）、阿華田（Ovaltine）、妮維亞（Nivea）等等。

當我們提到歷史悠久，然後經由前景的預設而恢復活力的品牌時，絕對不能漏掉「臂與鎚」（Arm & Hammer）蘇打粉。它把自己重新定位爲「最有效的冰箱除臭劑」，外加「唯一可以潔白牙齒，並且使得口氣芳香的蘇打粉」。今天，臂與鎚蘇打粉旗下包括了十五種不同的產品類目。

讓我們把焦點轉到英國，看看兩個舊瓶裝新酒的例子。健力士（Guinness）是一個英國的啤酒品牌。雖然健力士仍受到喜愛，也一直是市場領導品牌之一，但是喝這種口味濃厚的啤酒的人口卻逐年減少——尤其年輕人越來越喜歡喝口味淡且具異國風情的啤酒。在一九八〇年初期，健力士在英國生啤酒市場的佔有率已經不到百分之四，而且還有一直下滑的趨勢。漸漸地，健力士成爲老一輩英國人的啤酒。面對這樣的劣勢，健力士決定放棄主流市場，改採特殊訴求，把產品定位爲專爲不願媚俗的知識分子所精釀的啤酒。健力士改變定位以後所推出的系列廣告十分怪異，主題包括了第六感、外星人、超能力等等。這些廣告看起來充滿神秘的色彩，與廣告標語「健力士，純粹天才」的精神互相輝映。廣告標語和它所隱含的神祕意義吸引了年輕人的注意力，使人再度愛上這個啤酒，開始用健力士來傳達他們獨立自主的精神。

《經濟學人》雜誌也印證了預設前景的力量。《經濟學人》是一本從十九世紀中期就開始發行的刊物，長久以來一直在報導時事與企業動向。幾年前，《經濟學人》開始失勢，因爲商業人士可以直接從報紙與網路獲得即時資訊，期刊式的《經濟學人》完全失去了與新媒體競爭的能力。在這種情況下，雜誌的讀者數量與廣告業績漸走下坡。幸好《經濟學人》想出了一個力挽狂瀾的新定位，挽救了這本雜誌的命運。今天，《經濟學人》不再只是一種消息來源，而是智慧的象徵。這個預設的前景也轉變了雜誌本身的風格與內容，從一本枯燥又帶學術味的雜誌，變成一本跟得上時代且口吻幽默的雜誌。廣告也反應出這種轉變。它最近的廣告標題每每贏得讀者的好評。比方說，「在上位者很寂寞，不過，幸好還有好東西可讀」、「在每個讀《經濟學人》的人身後，都有一個不讀《經濟學人》的人」。最近的一則廣告還用一段自白當作標題：「我從來沒讀過《經濟學人》」，附在旁邊的則是一個親筆簽名：「新進基層職員，四十二歲」。根據最近的統計，《經濟學人》的閱讀人口增加了百分之三十，而其中年輕的讀者數目尤其成長快速，這些都是前景爲品牌帶來的成果。

在法國，沒有一個品牌像「儲蓄銀行」(Caisses d'Epargne) 一樣滿佈塵埃。一八一八年，法國貴族創立了「儲蓄銀行」，以博愛爲宗旨，爲工人階級準備一個存錢的地方（至少它當時是如此宣稱的）。過去十年來，「儲蓄銀行」已經成爲一個現代化的銀行，提供所有銀行應該提供的服務，但是，這件事卻鮮爲人知。有些人甚至不知道「儲蓄銀行」的顧客也可以申請支票本或提款卡。對很多人來說，「儲蓄銀行」的歷史太久了，它就是個可以存錢的地方。

想讓「儲蓄銀行」恢復活力，一定得想出一個新的前景。銀行通常很傲慢，所以「儲蓄銀行」決定換個方式對民衆說話，避免給人一種像老師對學生講話的印象。

「儲蓄銀行」的平面廣告很亮眼。一則橫跨兩頁的雜誌稿裡，有一張拳擊手臉部特寫的照片，表情非常痛苦，汗水不斷從額頭滴下，他舉起雙拳，正準備擋住將要打在他右頰的一拳重擊。標題是一個問句：「如果把你的薪水減爲一半，你覺得退休是什麼滋味？」另一張平面廣告，主角是一個很像嬰兒食品罐頭上的小寶寶的照片，標題：「這是唯一讓你少付點稅的人嗎？」在第三則廣告裡，相機透過鐵條，往牢房深處照進去，標題：「你負擔不起的房子長得像什麼樣子？」一則一則的廣告裡，問題接二連三而來：「有人提供你此刻最好的投資機會，但是，你確定明年還是它嗎？」、「你知道有多少人一輩子只想當個房客？」另一個廣告中的照片，是一個懷孕的女人，旁邊的標題是：「現在你的孩子有自己的房間，九個月以後呢？」對於銀行這種四平八穩的機構而言，

上述這些廣告是相當冒犯的。但是這些標題的確反映出人們心底深處的問題，「儲蓄銀行」的廣告讓人感覺到自己處境的危機。

麥肯食品、《經濟學人》和「儲蓄銀行」有什麼共同點呢？當你看到這些品牌今天的面貌，你知道它們情況很好。它們的前景穩固、充滿活力，它們創新產品、延伸自己，跨越了市場的傳統定義。還有，它們瞭解，前景就是「走在現實之前」。

廣告經常把品牌與一個固定形象綁在一起，做了半天，只是爲了紮深品牌的根基，因而困在傳統裡寸步難行。事實上，客戶期望廣告公司爲他們帶來改變，要我們幫助他們，用新的眼光看他們的品牌或企業。廣告必須成爲預設前景的加速器。

## 名正言順

「訊息是否令人信服？」這個問題經常出現。然而，更值得問的問題其實是：「訊息是否名正言順？」

隨便打開電視看看，你會發現，品牌的可信度（credibility）比廣告的可信度容易引起注意。我們從來不問自己，可口可樂、耐吉或豪雅錶的廣告可不可信，但是，當一個品牌提出一些較具爭議性的主張時，我們心底往往滿是疑問。所以，品牌的主張是否名正言順，與我們有切身的關係。蘋果電腦反抗體制的論調，不是每個品牌都可以採用的；耐吉勇往直前的精神，可能是某些品牌永遠無法踰越的限制。鈦星汽車遠赴田納西州設廠，爲的是要讓品牌的主張「傳統美國價值再現」，聽起來和看起來都能更正統一點。

品牌表態可不是一件小事。究竟是什麼力量可以讓品牌改變競賽的規則？一個品牌應該如何建立它名正言順的地位？我認爲，一開始企業就應該把目標設得高遠一點，而且多花點時間與資源累積品牌的權威感。

有些品牌從上市的那一刻起，就已經知道它們要的是什麼，方向在那裡。這些自覺甚至先於廣告。羅夫羅蘭就是一個好例子。

打從一開始，羅夫羅蘭的衣服就是以表現典雅的新英格蘭風味爲主。現在，不管它推出什麼新產品，不管它的賣場長得什麼樣子，不管它的香水風味如何，只要能符合新英格蘭的形象，就一定會成功。羅夫羅蘭用強勢的手段建立起品牌的正統地位。卡文克萊的手法也是一樣，只是更大膽一些。前景是行動的基本準則，前景使所有的後續動作都變得名正言順。

然而，正統的地位通常是慢慢建立起來的，有些品牌在剛出發時還搞不太清楚方向。品牌的歷史、廣告與面對市場的態度，決定了它是否夠格建立自己的地位，這就是法國維菁音樂城的情況。今天，維菁音樂城可以代替年輕人發言，甚至挑戰法國最神聖不可侵犯的規定——所有的商店不得在星期天營業。維菁音樂證明自己不僅是個商店，也是個文化的場域。如果博物館可以在星期天開放，豐富民衆的心靈生活，那麼爲什麼音樂要被屏除於外呢？同樣的，百事可樂不是在一天之內突然變成「新世代的選擇」的，它花了二十五年才達成這個目標。在爲品牌爭取一個名正言順的地位這過程裡，不要忘記，時間也是一個重要的原因。

兩個推銷員在餐廳碰面，兩人都想讓對方試一下自己的產品，第一個推銷員禮貌地試用了一下以後，把對方的產品退還回去，但是，第二個推銷員卻徹底愛上對方的產品，不肯退還產品——沒有一個創意人會提出這種無趣的腳本。

但是喬・派卡（Joe Pytka）卻把它當一回事，認眞地拍成了廣告影片，並且因本片榮獲坎城影展的廣告金獅獎。在廣告影片裡，第一個推銷員賣的是百事可樂，第二個賣的是可口可樂。可樂大戰促成了這個創意，而這支影片也是衆人公認數年來最有影響力的廣告之一。二十五年以來，透過不斷的挑釁，百事可樂已經逐步建立起它正統的地位，它的系列廣告也一直在鞏固這個地位。犀利的、比較的、幽默的、理性的、軟調的訴求，使得百事可樂的廣告每每大出風頭。百事可樂的愛出風頭，使它成爲新世代的選擇。

瑞士聯合銀行（The Union Bank of Switzerland）自一九一二年創立至今，一直以穩定爲它的商業基礎。像許多其他著名的瑞士企業一樣，它認爲自己最重要的資產是紮實，以及能歷久不變且渡過危機的能力。瑞士聯合銀行認爲，智慧來自於難以言傳的穩固感，於是把這想法轉化爲一系列不同凡響的廣告影片，在歐洲各國播出。廣告用一種灰階的色調拍攝，每支影片請一位著名的英國悲劇演員來朗誦雋永的古詩句。影片結束的時候，廣告以瑞士聯合銀行的信念做爲尾語：「超越時代的意念。」瑞士聯合銀行的廣告不僅是一種表演，也在傳達歷史永恆的價值觀。

瑞士聯合銀行從歷史裡找到自己的位置。法國第二大郵購公司「瑞士三號」（3 Suisses）

則往另外一個方向預設前景：把自己與現代社會的重要議題結合在一起。儘管方向不同，「瑞士三號」也同樣建立起自己的地位。

當代的雜誌裡充滿了關於女性處境的文章，但是，這些文章往往是些只用右腦寫出來的陳腔濫調，一般的品牌只讀其字，未解其意，就貿然東湊西掰來作爲廣告的內容，借得隨便，用得拙劣。不管是服飾、香水、汽車還是香菸，很多自稱關心性別議題的品牌所做出來的廣告，不過是平淡無奇的想法罷了。

但是，「瑞士三號」的廣告不是這樣。過去七年來，它的廣告一直圍繞著女性主義，卻不流於老套。結果證明，這個品牌爲自己建立起某種程度的威信，卻無損於其體貼、細心的形象。現在，「瑞士三號」可不只是一家郵購公司，它還是最貼近女性消費者的品牌。

「瑞士三號」最近的廣告提出一個口號："Demain sera feminin"，勉強可以譯成「明天是屬於女性的」。因爲這個口號來自「瑞士三號」，所以特別能夠引起消費者的共鳴。所有「瑞士三號」的廣告詞聽起來都很自然。比方說：「女人從未登陸月球，因爲這裡（地球）還有很多事要做」、「如果我們不再告訴小男孩，只有女孩才可以哭，這個世界會變成什麼樣子呢？」當「瑞士三號」用這種方式說話時，它的立場非常名正言順。

## 說服拒絕被收編的目標市場

建立起品牌的正統地位，也許是說服那些不肯被收編的目標市場的唯一方法。

現代的年輕人從小到大一直生活在充滿廣告的環境裡，他們可以很快地瞭解廣告訊息，也知道廣告背後隱藏的銷售動機。不過，他們並非全盤否定廣告，只是不能忍受某些廣告說話的方式，也痛恨被貼上標籤。在耐吉運動鞋、李維牛仔褲與可口可樂的廣告裡，你絕對看不出它們的目標市場是誰；就算看得出來（如某些百事可樂的廣告），這些廣告的內容也絕對不會描繪眞實生活，而是好玩的、脫離常態的。

雖然我們的目標市場不信任廣告，年輕人還是很崇尚品牌的。他們喜歡的品牌也許與他們的父母不同，可是崇尚的熱度卻不相上下。年輕人喜歡一些知道如何跟他們說話的品牌，不說教、不做作、不凸顯刻板印象的品牌，酷的品牌，例如卡文克萊的 CK One 香水。

想要投現代年輕人所好，一定得找到溝通的管道與合適的語言。話說得簡單點、談問題時就事論事、不要搞出一堆八股，不要太過搞笑……必須找到一個名正言順的立場。

## ＭＴＶ

對品牌而言，擁有名正言順的地位是很重要的，而且，這個趨勢會越來越明顯。新生代不接受複製與模仿，所以他們喜歡ＭＴＶ。在他們眼裡，ＭＴＶ代表的不只是一個流行音樂錄影帶的提供者，也是唯一一個看重全世界青少年文化，願意正視青少年問題與興趣的傳播媒體。ＭＴＶ是年輕人的聲音，它在全球的政治、社會與文化舞臺上日漸活躍。吸毒的問題、婚前性行爲的問題、種族歧視的問題、中東戰事的問題等等，都是ＭＴＶ關注的焦點。當音樂錄影帶之間穿插了公共服務性的宣導文字（例如「你不可能太有錢，但你可能太有偏見」、「解放你的心靈，與你的心靈交談」、「反吸毒的搖滾」、「請用保險套」）時，觀眾眞的會注意聽。一九九二年選舉時，MTV創造了「搖滾投票」的活動，結果那年十八到二十四歲的投票總人數達到多年來的最高記錄。MTV倡導人際之間的互動；有一支廣告短片是這麼說的：「多花點時間和你所愛的人在一起。」它也鼓勵不同世代的人親愛團結，推出了一個又一個呼籲年輕人幫助老人的活動。

一九八〇年代的中期，誰想得到，MTV日後會成為一種道德的權威呢？它的正統地位是漸漸培養出來的。MTV的公共宣傳，和它最好的音樂錄影帶一樣，文字洗練、深扣人心、影像多變、色彩豐富，是天才的傑作。廣義來說，MTV扮演了老師和專家的角色。MTV的做法不是教條式的，而是有共通性的、分享的。MTV是年輕人的語言，它凝聚了年輕人，共渡成長的難關，學習做一個負責任的大人。

從一開始，MTV的表現就恰如其分，這一點要感謝它存在的基礎：音樂。然而，光運用音樂並不表示一定會被年輕人接受。MTV銳利的眼光與高桿的文字工夫，才是它定位成功的原因。MTV不用教訓的口氣說話，MTV並不自以為是。正因如此，年輕人願意聽從MTV的忠告，接受MTV的建議。MTV把自己放在一個可以和年輕人交談的位置。從它口中說出的話，句句眞誠可信。

我相信，凡以年輕人為目標市場的品牌，應該從MTV身上找些靈感。對年輕人說話，必須用一種特別的語調,「有東西要賣」並不是個好理由。眞實可靠也是一個重點。爲波蘭塑造國家形象的麥爾康・麥克拉倫,來我們公司演講的時候說過:「廣告應該摒除那種自以爲可愚弄或操縱消費者的心態。」

對某些品牌而言,做到這一點並不容易;但有一些品牌可以做得很自然。

李維在歐洲的廣告,是一個建立品牌正統地位的好例子。經由牛仔褲文化的回顧,廣告公司把李維的形象重新帶進現代。一支又一支介紹牛仔褲歷史的廣告小品,使得牛仔褲再度抬頭,也把舊的品牌印象翻轉爲新的品牌神話。如果說青少年有個屬於自己的世界,那麼沒有任何企業比李維更知道如何把這個青少年世界表現出來。十五年前,李維在英國的業績一塌糊塗,但是,廣告公司使它恢復了競爭的優勢。負責爲李維企劃廣告的約翰・黑格弟(John Hegarty)爲李維的成功做了最好的結論:「我們推銷的是那片孕育青少年的極樂之地。」

要讓人覺得眞實可靠,就不能說廢話。挪威的橘子汽水「獨奏」(Solo)證明了這話所言不虛。「獨奏」的廣告打退了可樂的廣告方式,沒有一般汽水廣告裡光鮮的情境,每一支廣告影片裡都有一個際遇欠佳的主角,當他或她暢飲「獨奏」之後……問題還在那裡。在某支廣告裡,腳踏車選手努力騎上山巔,喝了一大口「獨奏」,然後……他還是落在所有人之後。在另外一支影片裡,坐冷板凳的主角喝了一杯「獨奏」,結果什麼事也沒發生。在每支廣告的結尾有一行字:「唯一只能解渴,不能解決其他事情的飲料。」

「獨奏」的廣告對年輕人說淸楚了它的意思。法國的「酷凱」(Kookaï)青少年服飾也是如此，它誠實面對青少年文化裡禁忌的一面。廣告裡，穿「酷凱」的女孩說：「把妳的男朋友藏起來，我要來了！」在另外一支影片裡，甜美女孩說：「今年夏天會很熱，尤其對男孩子來說。」在第三支廣告裡，女孩告訴我們：「所有同班的男孩都被當掉了，這都是我的錯。」「酷凱」表達的是一種非主流的流行主張。它的廣告標語適切又有眼光，很快就廣受目標市場的喜愛，並且建立起自己的地位。

「酷凱」還勇於嘗試新的創意點子，就像其中一系列廣告，它請到一些著名的服裝設計師來當主角。在廣告裡，卡爾・拉格斐（Karl Lagerfeld）說：「這些女孩都穿酷凱，眞是糟糕。不過，這話是說給其他設計者聽的」；YSL的設計師說：「酷凱，我聽人家說過這個品牌，可是我自己從來沒看過」；蘇尼亞・萊克（Sonia Rykiel）則說：「酷凱的風格永不褪色」。「酷凱」掌握了年輕世界所使用的日常語彙，把無禮變成一種正當。

「酷凱」花了近五年的時間，才把它的廣告從以十三歲的少女爲主角，轉移到以拉格斐之類的名設計家爲主角。其他如「瑞士三號」、李維牛仔褲等等品牌，都不是一夕成功的。

如同西班牙作家塞凡提斯（Cervantes）說的：「你總要花點時間來解決問題。」

## 班尼頓錯過的機會

路西安諾・班尼頓（Luciano Benetton）是個懂得預設前景的人，而他聘用的攝影師奧立佛羅・塔斯卡尼（Olivero Toscani），懂得如何詮釋班尼頓的前景。很多人不贊同班尼頓的作法，我倒蠻認同班尼頓運用挑釁與爭議式的廣告來表現自己的品牌風格。但是，我覺得班尼頓未能好好利用自己的正統地位。

班尼頓的海報在全世界都頗出風頭，也因此廣受批評與議論。許多人覺得班尼頓不過是在利用機會，要些厚顏無恥的手段。在這些批判者的眼中，愛滋病、種族歧視、同性戀與宗教是非常嚴肅的話題，哪裡容得下服裝業者的胡亂拼湊。但路西安諾・班尼頓可不這麼想。他認為既然花的是自己的錢，為什麼不能用來討論這個時代最重要的議題呢？在他眼中，責怪他的人，是一群過時的、擁抱傳統道德不肯放手的保守分子。

我們必須承認，班尼頓廣告討論時代的重大課題，確實有其寬濶的胸襟。不少藝術家和社會學者都很認同班尼頓的做法。不過，我覺得班尼頓的企圖包含面向太廣，所以我建議班尼頓應該把資源集中在一個議題上：對抗種族歧視。我認為沒有人可以一次面對好幾個問題，即使是班尼頓。

藉著「班尼頓聯合色彩國」(United Colors of Benetton) 的口號，班尼頓這個義大利服飾品牌已經成為全球有關種族問題的發言人。班尼頓擅用圖像與色彩的魅力，具體呈現出種族間的互動和瞭解。換言之，在對抗種族歧視這個領域裡，班尼頓的發言地位很清楚，但是在其他問題上（例如愛滋病和同性戀），它還未取得一個發言權。

對我們而言，班尼頓評論種族歧視是一件再自然不過的事情，沒有人會大驚小怪，但是，班尼頓剛開始打種族牌時，反應並不是這樣的。如果我們退一步想想，一定也會訝異，一個毛衣品牌（不管它的花色有多艷麗）怎麼能夠對一個社會議題造成如此巨大的影響。這實在需要才華。

有個小故事可以拿來驗證班尼頓的影響力。十年前，巴黎香榭麗舍大道兩旁，沿途滿是海報，海報中，一個美國男孩拿著蘇俄的旗子，一個蘇俄的女孩揮著美國的旗子，倆人都笑得很開心。當戈巴契夫在群眾的掌聲中步下台階，他湊近密特朗身旁問道：「這個班尼頓先生是誰？」多元主義、種族融合和世界和平，幾乎已經是班尼頓的註冊商標了。這件事非同小可。我希望這個品牌能夠繼續支持南非的種族平權政策，宣揚人權鬥士瑪亞‧安吉魯(Maya Angelou)的理想，或者讓世人注意到波士尼亞（Bosnia）、喀什米亞（Kashmir）和非洲的盧安達（Rwanda）這些因種族問題而爆發內戰的地區。如此一來，班尼頓可以更有效利用品牌，創出一片天地。

## 用望遠鏡找前景

蘋果電腦反抗⋯，耐吉鼓勵⋯，新力夢想⋯，班尼頓抗議⋯⋯我相信丹．偉登（Dan Wieden）說的，品牌不是名詞，而是動詞。

一個品牌惟有在行動的時候才有力量，而且，在前景引領下的行動力量更大，原因是大眾只記得一些簡單的、清楚的、有前

景的品牌。前景與品牌的知名度很有關聯：前景讓品牌靠我們更近，知名度也就相對升溫。預設了前景的品牌，強調的不是某一群顧客，而是每一個人，這也是我們喜歡這些品牌的原因。

前景往往來自一個個體、一個企業家。這個人使整個企業，乃至整個世界都聽他說話，都瞭解並認同他的價值觀。前景不是對廣大的消費者喊話，而是對我們每一個人說話。想要預設一個前景，企業家必須把他的內心世界與外在世界結合起來。換言之，他的想像力需要與現實合一。如果兩者可以吻合，品牌自然會強壯。

當你閉上眼睛，你看見的是內心世界；當你張開眼睛，你看到外在世界；如果你睜一隻眼，閉一隻眼，你的視覺也許會有點模糊，但是，你會找到你的前景。

當你使用望遠鏡的時候，如果你想看得更遠，就必須閉上一隻眼睛。

# 第三部分
# 顛覆的實踐

徒有理論不足以做出成功的廣告，
必須懂得把概念應用在行銷策略規劃之中。
而在執行的過程中，啓發性十足的工具和有效的工作程序，
往往能激發創意的火花。
當然，他山之石可以攻錯，
看一看其他品牌如何自我推翻，
也有助於覓得自己的新方向。

# 6

# 靈感如何等待？

## 尋找百分之百的新鮮

廣告是某一個問題的答案。

答案很少來自按步就班的推理，

大部分的時候，答案會自己突然迸現。

但是靈感絕非憑空而來，

在等待這靈光一現的過程中，

你必須善用工具，處處有疑，

仔細觀察，盡情想像。

早在一九八九年，美國專利局（U.S. Patent Office）的負責人就宣稱，世上所有可以發明的東西已經發明殆盡了。很多人也附和這種說法，認爲人類再也想不出什麼新點子了。然而，廣告公司硬是說，他們還是不斷生產新點子。他們說，能打動人心的賣點和石破天驚的創意，就是又新又好的點子。對廣告公司而言，點子不只是一個概念，也不是某種抽象意圖的呈現，而是關乎生意、關乎生存的關鍵。廣告人所指的點子是廣義的；點子之於廣告人，就像字典裡點子的定義，是一種呈現世界的特殊方法，一種特別的觀看之道。

要解釋點子產生的過程並不容易，有點像是某個人突然以一種前所未有的方式看待事情。點子的誕生，如泉湧噴出，在噴出之前全無徵兆，一切純屬偶然。

作家路易士·凱羅（Lewis Carroll）在《象徵邏輯》（*Symbolic Logic*）一書中寫過一個寓言，剛好可以幫助我解釋點子是怎麼來的。他說：「從前從前，『巧合』去『意外』的公司散步。他們走著走著，遇見了『解釋』。『解釋』看起來很老很老，他佝僂著身子，滿臉皺紋，看起來像一團謎……」

你可以埋首於書堆，尋找一個觀點或者一個結論，但是，你很難用這個方法找到靈感和點子。點子絕非無中生有；你必須創造一個意外，或促成一個巧合，才會有點子。而且，點子與點子之間有連鎖反應，如果我們把幾個點子放在一起排列組合，很可能會因此創造出新的、奇特的結果。這就是「意外」：透過連結、拼湊、組合，你看見別人從未看見的關連性。

理論上，企業是點子薈萃與激盪之處。點子越多，意外也越多，而企業就越有創意，甚至，公司的營運也會因此更加順利。管理者的一項主要工作，就是要使這類意外發生的機率達到最大。美國麻州康橋有一家叫做機動（Synectics）的國際諮商公司，非常支持這種論點，他們主張，每個企業都應該學習如何「將意外轉換爲一個成長的過程」。

每家廣告公司都會選出一些廣告影片，剪輯成一捲精華作品集。當主事者決定，哪些影片該放進作品集、哪些不該放的時候，絕對是根據廣告的表現，而非隨機抽樣的結果來做選擇。原因很簡單，廣告公司的作品並非支支傑出。有些廣告被客戶認爲很有創意，有些則否。然而，這個眞相卻一直被作品集掩蓋得很好。廣告公司這種「去蕪存菁」的做法其來有自，廣告業競爭的本質，使它們不得不挑選出最好的作品給大家看。結果，每個人都誤以爲作品集就是廣告公司創意水準的指標。但是，我們應該誠實面對一個事實：每個廣告公司或多或少都需要提昇創意的能力，提高作品的成功率。

法國詩人普雷韋（Jacques Prevert）有謂：「機會不是純憑機運而來的。」我們必須發展出一套程序來提高創意產生的機率，這套程序不只扮演創意觸媒的角色，也必須具備彈性和包容性，才能刺激我們，而非阻礙我們將各種想法連結在一起。

創意絕非無中生有。在創意產生之前，我們得學會詮釋消費者的心理，爲他們的行爲解碼。我們還得解讀客戶的企業文化，掌握客戶的市場觀點。我們除了要和客戶一樣了解產品，還得花力氣去了解客戶不了解的部分，因爲客戶的想法並不全然等於事實。這些努力是爲了要讓自己作好心理準備，敞開心胸，尋找靈感，引爆創意。

# 聯想工具

在我們所處的這個時代，要做到敞開心胸，接納異己，以別人經驗豐富自己，以及時時注意周遭事物，是極不容易的事。但是，好奇正是好廣告人最重要的特質，生活的各個面向，應該可以引起廣告人的興趣。換言之，太陽之下，事事新奇。我們應該做一個湯姆・彼得斯口中的「充滿好奇的工作者」。

好奇就是從別人的身上找靈感，許多歷史上的名人都是這樣開始的。畫家塞尙（Cezanne）曾經說：「羅浮宮是一本教我們如何閱讀的書。」的確，當莫內（Monet）遇到竇加（Degas）時，竇加正坐在羅浮宮的長椅上，模仿韋拉斯凱（Velasque）的畫作。還有很多人也是從過去的記錄裡找尋靈感的，我們可以從十八、十九世紀留傳下來的版畫作品裡，看見這種「溫故知新」的痕跡。羅浮宮是一所學校兼一個畫室，它的座位很珍貴，爲了要找個地方畫畫，你可能得先攀越一座由無數前人作品堆疊出來的藝術森林。

我很喜歡翻閱廣告書籍與藝術年鑑，因爲書裡面充滿各式各樣的海報、影像與廣告；即使隨便翻翻，也能啓發好多靈感。看見這裡有個好標題，那裡有張酷圖片，那種驚喜就像被施了魔咒一樣。猛一抬頭，看見想像力正緩緩飛起。

當我們爲法國最大的保險公司UAP企劃廣告時，有位同仁突然想起一九二一年一位天才文案爲凱迪拉克所寫的平面廣告標題：「領導者的懲罰」（The Penalty of Leadership）。這

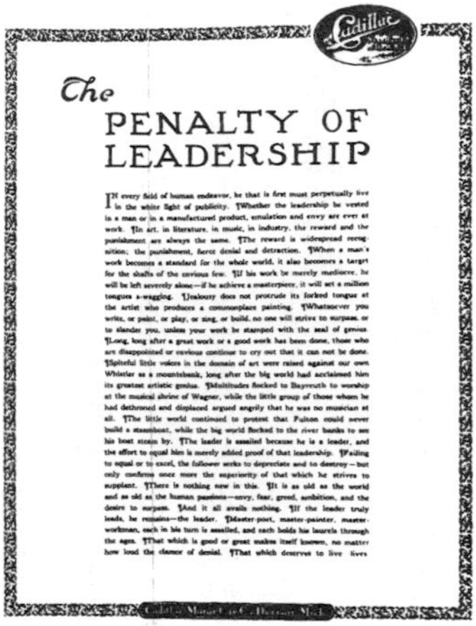


個標題有一個基本理念：無論身處何領域，領導者的自我要求必然異於其他人；除了勇於接受質疑之外，領導者還不能自滿於現況，必須做得更多。我們這位博學多聞又好奇的同仁認爲，凱迪拉克藉著廣告標題表現出來的領導者風範，正是UAP想對法國大眾顯露的氣魄。若沒有凱迪拉克廣告的激發，UAP的廣告不會那麼具有震撼力。

有一支UAP的廣告從一九四五年的產房開始拍起。畫面上有幾個護士和數以百計的嬰兒，而字幕則打出了「嬰兒潮」這幾個字。接著是一段時間隧道，只看見二〇〇〇年、二〇一〇年、二〇一五年的字樣一個接一個飛出畫面，然後畫面中央出現了一份報紙，報紙的標題赫然是：「祖母潮」。這時候，旁白說：「二〇一〇年的時候，嬰兒潮的世代就要退休了。搖滾樂、社會運動、有氧舞蹈、商場競爭……他們什麼都玩過。但是，還有三十年和一大堆問題在他們面前等著呢。如果每個月有固定收入和足額存款，『祖母潮』將是他們生命的第二春。這不容易做到——但是，你要不就是第一，要不就什麼都不是。」結尾時，旁白提出廣告主的保證：UAP不只願意協助核對退休計畫，還願意提供一項創舉，根據個人的特殊需求，爲顧客擬定量身定做的退休計畫。

另一支UAP廣告談的是中小企業所面臨的危機。影片場景設在一座工廠裡，畫面上數以百計的瓶子正搖搖晃晃地從輸送帶上依序走過。接下來，鏡頭照向一個不一樣的瓶子——它有一個金屬瓶蓋，其他的瓶子卻沒有。旁白說：「要毀掉一個公司並非難事。我這麼說，你會不會很驚訝？」有瓶蓋的瓶子突然碎掉了，而其他的瓶子因爲被它擋住，也接二連三碎裂。接著，就像骨牌遊戲一樣，所有瓶子全破掉了，碎片撒滿一地，工廠的燈也熄滅了。旁白說：「大部分的公司都保了『意外險』，但是沒有保因爲意外所造成的連帶損失險。如果你考慮周到且仔細計算，便能顧及每一項風險。這不容易做到——但是，你要不就是第一，要不就什麼都不是。」結尾時，畫面上浮現一句話說明了UAP「多重風險保障」的優點：「一個公司，一張保單，完全免除後顧之憂。」

UAP廣告的創意就是影片中的張力，它的每一支廣告影片都有這種張力。簡單地說，影片裡描繪了一個問題，問題看來相當棘手，幾乎無法解決（或者說遠超過一般保險公司的能耐）。旁白的語氣讓人感受到那種困難、窒礙，那種挑戰。廣告的張力就在這裡。當UAP說出「這不容易做到——但是，你要不就是第一，要不就什麼都不是」的時候，就是在召喚消費者的行動。謝謝這句好台詞，它讓廣告的結尾和過程一樣，充滿了張力。

## 打水漂效應

在我們公司的業務部爲UAP對創意部作簡報時，我們的同事拿出了凱迪拉克的廣告。在此之前，那場簡報並無特別之處，只不過提出了些了無新意的領導品牌策略而已。但是，當凱迪拉克的廣告標題一出現，意外誕生了，這廣告標題成爲我們靈感的來源。

這段軼事並非唯一的一次，其實，它是一種有效產生創意的工作方法。想想看，成千上萬的廣告人，花二、三十年或更久的時間追求創意的奧妙，他們的經驗正是我們無價的寶藏。說到廣告專業知識，我們公司的每個員工都稱得上是博學之士，但是，多看看別的範例總是有幫助的。我們應該收集別人的想法，找尋可以當作創意發展的基礎。一支新加坡的銀行廣告，也許可以幫助你做出一支有創意的西班牙飲料廣告。這不是模仿，而是如同打水漂，在創意上飛跳。如果能充分發揮聯想力，其他產業的創意表現往往能夠引導我們發現新的切口、新的角度，甚至新的創意策略。從執行層面來看，UAP的廣告與凱迪拉克毫無關連，但是兩組廣告背後隱含的邏輯是一樣的。

機會對有備而來的廣告人情有獨鍾。其實，若非我們知道要什麼，也不可能在「領導者的懲罰」這幾個字裡頭找出什麼靈感。

## 顛覆主張國際銀行

根據大型跨國廣告公司的做法，每年總公司都會把各國最佳或者得獎的廣告影片寄給世界各地的分公司。這些影片有時按照地區分類，例如英、美、日本、法國等等；有時則按照產業分類，例如酒類、飲料、食物、車輛等等。但是這些影片並未發揮「觸類旁通」的功效，原因是我們並非在「有所爲而爲」的情況下看這些影片，所以它們頂多只有娛樂效果而已。

你最好是在最需要靈感的時候，多看些能激發創意的廣告。最好的時機，就是當你做完了基本功課，正要開始構思如何運用各式素材來調配顛覆主張的時候。你藉此尋找免費的點子，發揮聯想。

由於我們想提供廣告人一種適用的創意工具，在他們最需要創意的時候提供源源不絕的靈感，所以我們創立「顛覆主張國際銀行」。

這個銀行收錄了許多的商品廣告影片個案，每一個個案的長度約爲五分鐘，內容則爲廣告策略的運用與突破。個案的來源遍及全世界，目前已經超過了一百個，而且還在繼續增加。雖然創立這樣的工具銀行需要相當可觀的投資，但是，發展出這項可以幫助創意人工作的聯想工具，也就等於爲我們自己創造了無窮的資產。BDDP全世界的辦公室都有一套「顛覆主張國際銀行」系統，這套系統使我們爲客戶企劃出顛覆主張的機率大增。

不管「顛覆主張國際銀行」裡的個案是來自BDDP還是其他廣告公司，我們都是用顛覆主張的觀點來介紹並討論每一個個案。在每一則故事裡，我們追本溯源，找出顛覆主張來自什麼傳統，基於何種前景，並且詳述顛覆主張的內容及其效果。這套「顛覆主張國際銀行」的軟體，目的在於看出某個品牌顛

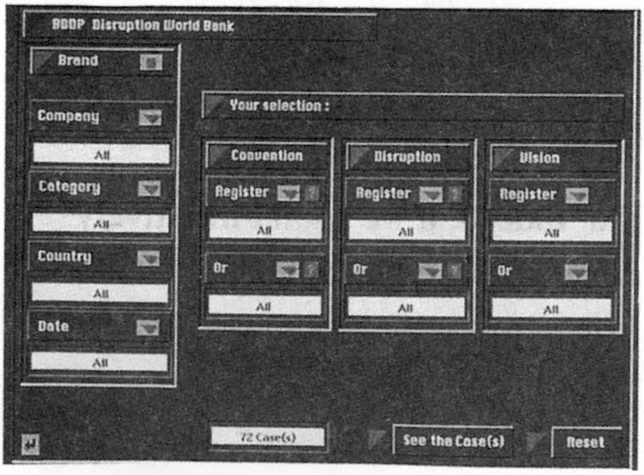

覆主張的來龍去脈。個案資料庫依據該案的傳統、顛覆主張與前景來區分。這軟體不僅有助於連結起看似無關的點子，也可以強化顛覆主張的思考技術。

假設你是一個創意人，你想找出與消費行爲有關的傳統，以及與產品功能有關的顛覆主張。你可以把兩個要求連在一起，還可以再加上另外幾個關於前景的關鍵字，然後，按三下滑鼠，資料庫裡就會立刻跑出五、六個合乎要求的個案故事來。看完了這些個案，總有一、兩個故事可以激發你的想法吧？可能拓寬了你對問題的認知，豐富了你心裡的圖像，或者修正了你對產品的定位。這時，正是廣告人任憑想像力馳騁的時刻。顛覆主張銀行扮演觸媒的角色，爲創意開啓一扇門，通往新世界。

## 「那會怎樣」六十問

除了顛覆主張國際銀行之外，我們還有另外一個工具：「那會怎樣」（what if）問題表。每個人大概都有經驗，在開會時，大家面面相覷，誰也想不出新點子，但是，有個人突然問了一個問題，讓另外的人想到一個絕佳的點子。那個問題通常是很簡單、很平常的一個問題，如果能早一點問該多好！後來，我們決定把最具啓發性的問題記錄下來，因爲它們曾經引爆創意的火花，幫助我們企劃出成功的廣告。

我們一共想出六十個問題，從策略面到製作面應有盡有。我們還把這六十個問題登錄進多媒體裡，好讓大家不只讀到這些問題，也可以直接在電腦上看到全世界有哪些廣告創意曾經受惠於這些問題。我們的目的是要增加聯想的機率。如果有個廣告人此刻正面臨思考的瓶頸，他可以來看看這六十個問題。只要其中有一題能夠引起他的共鳴，他的難題就有一線曙光了。

我們來看看兩個例子。這六十個問題中的第二個問題是：「如果把客源與競爭對手區分開來，那會怎樣？」與這個問題對應的例子是法國的春天百貨公司。春天百貨的主要競爭對手是拉法葉百貨（Galeries Lafayette）。兩家百貨公司對街而立，你幾乎不可能去了其中一家而不去另外一家。後來，春天百貨想到，儘管自己的對手是拉法葉，但客源是全巴黎的顧客；與其把箭頭瞄準拉法葉，還不如把目標放在開發新客源上。

對於市場的新觀點，修正了春天百貨的營運方向。二十年前，春天百貨在巴黎陸續開設了好多家不同等級、不同名字的百貨公司，企圖一網打盡所有的巴黎人。這個例子讓我們明白，區分客源有時候可能會爲企業帶來新的機會。在大多數的市場裡，這種區分並無意義，但如果你手邊的客戶恰好適合，這個簡單的問題一定可以爲你帶來很大的進展。

另外一個例子是一個執行面的問題。如果我們繼續往下看，第四十六個問題是這樣的：「如果把邏輯反轉過來，那會怎樣？」英國漢斯（Heinz）沙拉醬的上市廣告，就充分運用了倒轉邏輯的巧思。首先，它的廣告標語說：「沙拉爲它而存在！」其次，這支廣告影片的結尾有一個特寫，畫面上，各種口味的漢斯沙拉醬緩緩滑落在萵苣葉上，讓人看了食指大動。在這支三十秒的廣告裡，萵苣葉只是用來對比沙拉醬的色澤質感而已，和傳統的作法（以沙拉醬來襯托萵苣）剛好相反。

角色互換的遊戲也可以激發許多新意，這種方式特別適用於描繪親子關係。比方說，西班牙的丹酪乳品廣告就以「向孩子學習」爲標語，畫面上是孩子在餵父母吃丹酪的乳狀優格。另外一支西班牙廣告也用類似的手法，讓小孩子來教父母如何使用保險套，並再三強調安全性行爲的重要。民謠歌手包比・迪倫（Bob Dylan）不也唱過，「那時的我眞的很老，現在的我反比從前年輕」？

倒轉邏輯是個關於執行的問題，而問自己客源何在，則是個關於策略的問題。「那會怎樣」問題表故意把策略面與執行面的問題合併，因爲重點不在於由策略主導還是由執行細節主導，重點是我們能不能找到那個可以幫助發想創意的觸媒。

在「那會怎樣」問題表裡，可以找到各種方向的問題。比方說，如果一個品牌可以從別的產業裡找到消費者利益，那會怎樣？如果我們不管「爲什麼要用這個產品」，而直接以「品牌就是原因」去設計廣告，那會怎樣？如果我們故意選擇平鋪直敍的手法，那會怎樣？如果我們用廣告來表現「缺少這項產品就會……」，那會怎樣？這些問題的問法是概括式的，舉例說明的部分比較具體。所以問題就像是創意的跳板，而所附的例子可以讓你進一步了解問題的意義。總之，「那會怎樣」問題表的目的，在於找些問題來激發靈感，讓你用新的觀點去看手邊的工作。

## 問更好的問題

每個廣告公司都希望自己比競爭同業更懂得問問題。要提出觀察入微的問題，必須先學會做個懂得聽話的人。正因爲我們深信用心聆聽對創意有益，所以才發展出「那會怎樣」問題表。問題問得愈好，得到的答案就愈精確。在發展顛覆主張的種種方法裡，許多方法的基本精神就是不斷地質疑自己。顛覆主張要求我們，不要在想出第一個解決方案時就罷手，它還要我們對所有的「想當然爾」保持相當的懷疑。

對所有誠心想發問，而且有意挑戰答案之多種可能性的人，我建議你買一套《創意拳擊包》（*Creative Whack Pack*）。這是一包卡片，一共列出了五十二個有助於顛覆成見的句子。這些發人深省的句子包括「由大處著眼」、「以赤子之心來思考問題」、「聽從夢的指引」、「遠離所有的藉口」、「別愛上你的點子」、「想像一下，別人會怎麼做？」、「再多想一點、挖深一點」、「想像你自己就是這個點子」等等。在我看來，《創意拳擊包》是一種自成一格的「那會怎樣」問題表。

「顛覆主張國際銀行」和「那會怎樣」問題表，是我們最常使用的兩種聯想工具。它們都有一點修補的味道。補鍋子的人最會發揮舊事物的新用途，他們

一邊收拾雜物，一邊對自己說：「把它留下來吧，搞不好改天可以派得上用場。」總有一天，凱迪拉克、漢斯沙拉醬或者春天百貨的故事，會引爆新的創意火花。

上述這些聯想工具可以幫助我們在資料之海裡辨認方向。在這個資訊爆炸的時代，重要的不是你有多少資料，而是你有沒有能力在其中找到自己的路。「顛覆主張國際銀行」和「那會怎樣」問題表都是有生命力的工具。它們的規模不斷擴大；使用它們的人這裡添一點，那裡補一些，也充實了它們的內容。我們旗下的分公司會根據其所在地的文化背景、工作經驗和員工特質等等，把他們自己的例子加進「顛覆主張國際銀行」和「那會怎樣」問題表裡。米蘭和阿姆斯特丹的分公司，甚至正在慢慢累積他們自己的創意銀行和自己的「那會怎樣」題庫。這種知識發展的過程，不但可以爲廣告公司建構企業文化、深化思考模式，還可以加強工作的默契。

我們希望這些工具能夠讓我們的員工豐富自身，也豐富彼此。新的經驗必然會成就新的個案，所以也非常樂見新的個案回過頭來豐富我們的集體資料庫。

## 線性與非線性的思考模式

典型的廣告作業方式是一個線性的流程。標準的流程從瞭解公司目標開始，然後是規劃行銷策略、擬定廣告策略、發展創意策略，到決定創意形式等等。這個按部就班的過程像一條裝配線，離開這一站後，到下一站去。客戶的簡報從裝配線的這一端輸入，就像原料；做出來的廣告則從裝配線的那一端輸出，就像是產品。

這種作業方式看來實用，但是過於簡化。它的簡單可以協助你釐清想法，但也可能因此失掉了你在思考的最後階段可能產生的靈感。通常，製作上的點子在整個流程中處於尾端，可是，製作上的點子也有可能激盪出新策略或新創意。所以在實務上，我們可別讓線性思考阻礙了概念的互動。

同樣的，顛覆主張的三個階段也未必總是依序出現。如同我們一再強調的，顛覆思考並不是一個按部就班的過程，不是只要照著同樣的順序走一遍就好。我們可以視命題與需求，來自由調換比對傳統／進行顛覆／預設前景這三階段的順序。所以我們畫出一個圓形的顛覆方法關係圖。

## 整理出一個說法

我甚至認為，顛覆模式最重要的不在於如何開始顛覆，而是如何充實顛覆的過程，並且為它打上一個完美的句點。顛覆模式可以助你一臂之力，但並非每次都能奏效。如果在某個傍晚，好點子突然冒出來，不管這時是在廣告企劃的哪一個階段，你都應該把這點子融入顛覆模式裡。你可以說這是種後見之明，反正顛覆模式提供你一種方式，讓你解釋自己的想法。它像一本旅行的記錄。你不只可以在事後用它來圓一個說法，更可以用它來檢驗，你是不是果眞提出了一個稱得上是前景的決裂。我認為，有了一個點子以後，再把它和廣告策略連在一起，並沒有什麼不好，儘管很多人不這樣想。

廣告做完以後，你可以重寫、修改、雕琢你的模式。下游的表現手法，為什麼就不能回過頭去影響上游的思想？策略與執行之間的高牆早該推倒了。

## 顛覆的運算法則

顛覆主張的運作方式，有點像電腦的運算法則。你可以在任何一點進入這個過程，盡量深入挖掘，直到覺得「挖得差不多了」的時候，再進入下一步驟，直到輪回原先的起點。如果這樣反覆好幾次，還沒找到新的方法將幾個點子連在一起的話，不妨到「顛覆主張國際銀行」和「那會怎樣」問題表去晃晃。放鬆心情、豐富想像力，直到靈光一閃。

唯有彈性的、開放式的方法，才能激發靈感。一般而言，廣告公司由市調部門負責提出策略工具，但是這些策略工具多半很傳統：它們在結構上太完美、太壓縮，太不容變通，難以呈現眞實生活的多元和思考方式的多樣。市調部所引用的例子總是乏味得令人想生氣，實在很難激發出什麼創意。這些策略工具的作用很有限，所能產生的是「正確的簡報」。但「正確」常常意味缺乏生命力。

顚覆主張反對狹隘的「正確」，力求開放。顚覆方法不是實驗室的一套儀器，而是許多實驗結果的總和。它集衆人之精華而成，而人人能分享；它因群體的智慧變得愈來愈有力量。你可以在任何階段進入顚覆主張，在其中自由探索。如前所述，你甚至可以把它丟在一邊，到最後才把它撿回來當作檢核的清單。顚覆方法不是一個公式，它是一種思考的進程。

## 顚覆的間距

當我們開始著手處理一個問題的時候，我們應該避開已知的部分，推翻易見的前提，尋找新的假設，並試著重新命題。我們應該問自己一連串「那會怎樣」和「爲什麼不」的問題。我們的目的是要跳出窠臼。

所以，謹記一個原則：**想出了第一個跳脫傳統的點子時，絕對不要收手**（「與傳統相反」很少是好創意；更好的解答往往隱身別處）。我們應該利用各式聯想工具，有系統地、反覆地尋找顚覆的點子，最後，才用文字具體表達結論。

這個思考過程，通常發生在行銷策略和創意策略之間。歐蕾可以在任何年齡留住美麗、耐吉鼓勵我們勇於超越自己……許多成功廣告的發想過程裡，都是先有點子才有策略的。爲了要接納甚至鼓勵這種現象，我們提出了「顚覆間距」的概念。所謂顚覆間距，指的是從「客戶向廣告公司簡報」到「公司向創意人員簡報」這段時間。這個間距非常值得廣告公司投資心力，但是很多公司渾然不知，忘記了客戶其實對此寄予無限期望。

在大部分的廣告公司裡，顚覆間距的時間總是不夠，主要原因是進度太緊。廣告人幾乎每一天都在苦苦追趕截稿期限；理論上，所有的事情都是「昨天」就應該做好的，所以不管多麼努力，離進度永遠有一步之遙。但是，廣告公司應該想辦法面對時間的限制，盡量把顚覆間距的時間拉到最長，以免每每倉皇失措地從客戶提簡報跳到向創意人員簡報，錯失了其中顚覆的可能性。廣告公司應該要未雨綢繆，從客戶簡報的那一天開始，就以團隊的方式醞釀顚覆，不要蹉跎任何一分鐘。

顚覆間距是一段「之間」的時間。這神奇的一刻屬於公司的每一員，人人都可能有所貢獻。誰想到新點子並不重要，重要的是點子的價值。由這個意義來看，人人都可以是創意人。總之，廣告公司在企劃間距上花的時間愈多，知識就越多，企劃出的案子就可能越好。

顚覆間距是廣告公司的研究發展核心。

# 策略性創意思考

一般人認爲創意與策略性思考無關；策略只與分析、歸納、整體思考這些名詞有所牽連。對此，我不表贊同。

二十五年前，我是個小ＡＥ。有一次，我問我的老闆一個問題：在我的工作範圍裡，哪個部分最重要？他毫不猶豫地說：「做好創意簡報。如果做得夠好，我們就能賺錢。」他又補充道：「訣竅是把創意部想像成一個工廠。工廠做得愈快，公司的生產力就愈好。」我相信很多創意人並不欣賞這種比喻。

糟糕的簡報必須重做，這意味浪費了時間。許多廣告公司可能要爲無關緊要、或者沒有什麼具體收穫的簡報，浪費至少三分之一的創意時間。簡報時，大家都得放下手邊的工作，生產速度自然停下來。相對的，一個有創意的簡報，更可能帶來好的廣告案。而如果一個廣告案眞的有效，它就會比較持久，未來幾年可能都不需要再花時間和力氣。這意味生產力的提昇，客戶與廣告公司兩獲其利。

好好兒做簡報，比減少人事支出，或者換一間小一點的辦公室更能爲廣告公司賺錢。也許不見得絕對能賺錢，但是，我們可以確定，簡報品質與廣告創意有直接的關連。

從方才講到現在，我的重點可以歸結爲一句話——**創意簡報不但要切中題旨，更要能激發創意，蘊含點子。**

許多廣告人聽到我這說法會覺得很驚訝。對他們而言，你必須先發展策略，然後才發展創意；而且策略與創意是完全不同、完全分立的。因此，很多人根本不承認，策略可以是有創意的。有人甚至主張，過多的創意會破壞策略。他們認爲，策略是神聖無瑕、不可侵犯的最高指導原則，誰都不能破壞它的完整性。像創意表現這類下游的枝微末節，絕對不可以左右策略，否則結果將不堪設想。

但是，顚覆主張認爲，簡報本身就應該包含點子，必須有創意。「純天然的洗髮經驗」是可麗柔的點子，「發揮心智力量」是豪雅手錶的看法。在創意簡報裡，點子與看法的角色就像是種子：它們啓動了創意的按鈕，激發另類的思考方式，開啓新的視野和觀點。

我們很容易被一大堆評斷標準弄得暈頭轉向。其實，你只要憑直覺，就能夠判斷，廣告的方向是否正確，內容是否有創意。更具體一點說，我們只須問兩個問題：第一，我現在看見的這個廣告，是不是一則不需要簡報就做得出來的廣告？如果是，那麼這個廣告可能沒有內容。第二個問題有點像是第一個問題的倒影：這個廣告是不是只是簡報的複製品而已？如果是，就表示創意簡報與廣告成品之間沒有創意的跳躍，廣告的呈現方式缺乏力量。總之，簡報的重點應在廣告作品之中，但廣告作品可不能只是簡報而已。

## 創意能量

如果簡報不夠精確或缺乏創意，往往是因爲創意人花了太多的時間試圖理出頭緒。他們把能量全浪費在上游階段，而沒有投注在直接與創意有關的事上，專心思考如何做出好廣告。光是想出在簡報裡該說什麼，就要花好幾小時的力氣，所以，當創意人實際開始動腦想點子、動手做廣告的時候，可能已經被這個題目煩透了，以致於失去了解決問題的新鮮感和創作的動機。因此，創意能量是一樁必須重視的課題。

顛覆主張的好處，就在於可以將能量百分之百用來尋找創意。顛覆主張還可以幫助創意總監提高作品的水準。如果簡報符合顛覆的精神，具備啓發的力量，創意的目標就會更加明確。這樣的簡報可以幫助創意總監，讓他更加要求創意人員的表現。簡報的好壞，可以說已經決定了作品的高下。

我們稱這是策略的創意，是簡報裡的點子——說來簡單，做起來可不是那麼回事。廣告人太容易覺得，簡報只要過得去就行。但是，既然我們瞭解了簡報對於創意的影響，就不應該再用交差了事的態度做簡報。我們應該不鬆手、不滿足、不讓步。一則好廣告可以讓人感動，一個好的簡報也應該讓與會者有這樣的感動。

## 企劃在顛覆過程裡的角色

在傳統的做法裡，企劃工作所扮演的角色有兩個：一是捕捉社會動態，一是瞭解消費行爲。就捕捉社會動態而言，如同萊雅的總裁達爾（François Dalle）所說的，企劃人員必須察覺所有方才萌芽的事物。爲了達成這個目標，除了必備的好奇心，好的企劃必須培養自己對於事物的敏銳感受；要眼觀四面，耳聽八方。

企劃應該是公司內部最了解目標市場動態的人。爲了要詮釋品牌的意義，企劃人必須提出問題，而且必須問得好，問得切中主旨。並且要讓看似呆板的數據活起來。他也必須熟悉廣告運作的訣竅——消費者不只是被動地接收資訊，他們是會有反應的。所以，如何塑造消費者的看法，著實重要。因此，企劃的角色非常微妙：他必須知道，如何讓廣告與目標市場進行有效的互動。

企劃的工作非常重要。所有廣告公司都需要有一個觸角敏銳的企劃部。但是，我們認爲企劃工作除了如前所述的角色之外，還應進一步發展。大部分人認爲，一個好的企劃應有精密的分析和妥當的工作表現，但是，企劃工作也應該鼓勵差異性。大部分的人看重企劃的共通性，我們卻鼓勵企劃的差異性。

顚覆主張拓寬了企劃扮演的角色，讓企劃人員的工作範圍往上游與下游兩端推展。往上游看，企劃人員應該幫助品牌預設美好的前景；往下游看，企劃人員應該生產點子，來激發創意部門的工作。

企劃與創意決定了所有的表現。世界上最具創意的廣告公司，必定擁有一流的企劃部門，而企劃人不能沒有才華洋溢的創意人相助。創意部門的想像力，須完全把企劃部門的想法發展出來。

## 基礎會議

誰都曉得，廣告不是靠一群人圍桌而坐就能討論出來；聽到腦力激盪會議，大家都不愛。其實他們搞錯腦力激盪的意義了；腦力激盪只能幫你發想，並不能幫你找到一個可以做成廣告的創意。發展一個廣告創意，顯然需要更專業的技術，因為你必須在有限的時間或空間裡，把訊息傳遞完全。

不過，腦力激盪的確可以幫助我們從簡報裡找出一些點子來。腦力激盪開始得愈早，就愈有用。我們姑且將之稱為「基礎會議」(foundation meeting)。基礎會議的基本成員是業務與控制預算的人，但是不妨邀請其他部門的工作夥伴加入。討論中不拘上游或下游，無所謂策略或執行，我們歡迎所有的點子。任何端上桌的想法，都是企劃人員日後的素材。

基礎會議實用，原因如下：首先，它從策略階段就展開，所以每個人可以從一開始就貢獻自己的智慧；其次，在基礎會議中，大家都很放鬆，不必做決策，點子可以自由自在流動——如果在提案前一、兩天激盪，大家會變得比較僵硬，如此只會斲傷想像力。更重要的是基礎會議撤除了障礙，讓創意人員與行銷人員混在一起，結合了來自上游與下游的點子。凡此種種，都使創意的發想不受線性邏輯的限制。創意的工廠裡，沒有裝配線。

基礎會議也可以直接將目標設為「比對傳統」，讓公司內部成員與客戶有機會回頭檢視傳統的框架。我們常常與客戶一起舉行這種會議，因為客戶比誰都了解市場與產業的傳統運作方式。如果客戶從一開始就參與企劃過程，接下來提出顚覆主張的時候，他們也比較能夠接受。我們不再想盡辦法把廣告案推銷給客戶，而是讓客戶自己產生想買下這些創意的慾望。

當你運用腦力激盪的技術比對傳統，你知道該找什麼。所以柏諾把「腦力激盪」稱爲「腦力尋航」（brain sailing）——我們與他所見略同。

## 直覺

不管我們想要比對傳統、預設前景還是進行顚覆，不管我們用「顚覆主張國際銀行」還是「那會怎樣」問題表來幫助發想創意，不管我們找的是具體的產品功能，還是消費者心目中的印象，如果我們不能善用直覺的話，一定什麼都做不好。

廣告是某一個問題的答案。答案很少來自按步就班的推理，大部分的時候，答案（也就是廣告）像靈感，會自己突然迸現。你無法用演繹法找到解答，唯一的方法就是憑著直覺，以跳躍的方式去思考問題。當你不知道該如何前往目的地時，讓直覺引導你吧！

作家帕瑞（Parikh）和傑迪旭（Jagdish）最近合出了一本書《直覺：管理新界》（*Intuition, The New Frontier of Management*），書中充滿了具啓發性的論述。他們提出一個令人驚訝的主張：分析性的思考是一種「北方」的技術。比方說，德國北部的漢堡人，比南部的巴伐利亞人更長於分析性的思考；不列顚島上，北方的蘇格蘭人，比南方的英格蘭人更顯出分析式的思考；在義大利，北邊的米蘭人，比南邊的那不勒斯人更常用分析式的思考方式。相對的，直覺式的思考則是南方民族的特徵，愛爾蘭人勝於蘇格蘭人，非洲人勝於歐洲人等等。帕瑞和傑迪旭還說：「南方民族比較人文取向，而非理性取向。」

他們認爲，在這個日漸複雜的世界上，傳統的、分析的、邏輯的思路已經不再合用，「南方類型」的思考方式將會愈益盛行。這意思是說，我們可以加重對直覺的信賴。有個德國人（八成是個南方人）曾經說：「聰明的事情不會僅靠聰明而來，合理之事亦非全仗理性。」

前面提過的「瑞士三號」公司總裁丹尼爾・理查，出生於法國南部。對他而言，工作中必須有敏感與情緒，因爲這樣你才知道你所做的事有什麼意義。他說：「所以，今日的商人已不只是販賣商品而已。」他認爲很多大企業到現在還不明白這道理。理查將這樣的信念帶進「瑞士三號」的廣告裡。他認爲，「瑞士三號」比它的競爭者更「右腦」一點，他強調：「那是個詩一般的柔軟領域，因爲我們比較看重感覺。」

一支「瑞士三號」的廣告影片拍了一隻貓跳下地面的鏡頭，旁白說：「技術、統計、調查、行銷、理性、謹愼的年代之後，直覺的年代來了。」過去四年來，「瑞士三號」一直以直覺作爲廣告的主題。有些廣告讚美直覺，告訴人，若無直覺就沒有才華；有些廣告以較平易近人的方式來談直覺，比方說，一個女孩隨性地以可樂罐捲頭髮，她說：「方便就是快樂！」

爲什麼要歌頌直覺呢？在這商業的世界裡，每個人（包括廣告人）都被理性制約，不讓直覺發出聲音：大家認爲，一個想法要被接受，非得植基於顛撲不破的邏輯不可。直覺受到壓制，人變得畏縮而心虛。然而根據生物學家的研究，關於邏輯的心智活動位於大腦的表層，直覺則藏在深層的腦葉裡。讓直覺發出聲音並不膚淺，反而是表達一個人多樣性思考的最佳方法。所以，我一直都在尋找直覺的火花。我們不知道它們打哪來，但可以因它們而飛躍。波貝克總是說：「知識終歸是每個人都可以擁有的，唯有那從知識跳躍到想法的直覺，是你的，而且無人可奪走。」

## 三思而行

顛覆方法看起來複雜，其實不然。首先，**顛覆主張所期待的結果，是一個簡單的廣告定位——一句話就好**。所有的創意總監都不容許廣告定位超過一句話。少就是多。

但是，我們不要以爲「簡單」就是簡化。對亞洲人而言，簡單是最極致的複雜形態，某些歐洲人也這麼認爲。一件簡單的事情，常常出自綿長的發展過程。面對未來，你務必思考，而顛覆主張正是幫助我們找出策略與創意的好方法，尤其有助於找到被深埋的、偏向直覺的與開放的想法。企劃的工作就是要一頭鑽進複雜之中，使它變簡單。

客戶簡報與創意簡報之間必須要隔一段時間，否則創意簡報可能會流於平板。你必須給自己一點時間，在想法之間游盪，設定假說，尋找解答，並且將其他人的意見當作素材。

顛覆主張不會使事情變得更複雜，也不會如大家所擔心的，僅僅是一個理性的概念而已。剛好相反，它是一種企圖釋放情感、直覺、情緒的方法。它是個腳踏實地的方法，目的在於幫助我們同時用理性的腦與易感的心一起來思考。

## 毫不費力

要找到一個有力的商品定位，固然需要專業與天分，但也需要下苦功（這話聽來有點「勤能補拙」的味道）。如果我們希望做出來的廣告看來毫不費力，彷彿渾然天成，本來就這樣簡明易懂，我們就得花工夫，用盡各種思考工具，讓它們幫助我們找到創意的源頭。

如果在看電視的時候多注意一下廣告影片，你一定會發現有的廣告太用力了，也就是說，它的企圖太明顯，結果像是在對觀衆說教，而非對觀衆說話。也有些廣告以亮眼的畫面攫住你的注意力，可是這些畫面卻無關乎產品，以致於你看完以後腦中仍是一片空白。眞正了不起的廣告，應該結合紮實的內容與高雅的形式。

這就是顛覆主張心心念念要達成的目標，但我們得全盤實踐才能達到它的效果。我們得很努力，才能讓我們的努力看不出來。已過世的舞蹈演員金·凱利（Gene Kelly）說得好：「如果你看起來是花了九牛二虎之力，就表示你還不夠努力。」

# 7

# 誰能給我點子

## 顚覆的源頭也有三種

廣告客戶的智慧與經驗，

可以提供具體的行銷想法；

消費者的態度和行爲，

從來就是商品行銷不可或缺的情報；

而廣告公司是完成廣告的地方，

更可以提供多樣的廣告表現手法。

我們已經說明了顛覆的方法包括三個步驟：比對傳統、進行顛覆、預設前景。傳統經由顛覆被推翻，而前景則在這個過程裡扮演遠程目標的角色，用以規範並指引顛覆的方向。到目前為止，我們已經得知如何辨識傳統，如何構思前景，但是顛覆的表達形式有哪些？顛覆的來源又是什麼呢？

答案很簡單。顛覆的源頭有三：廣告主、消費者、廣告公司。當這三個元素匯集在一起，就孕育出顛覆的可能性。

首先，廣告主的目的在於銷售商品，他們的智慧與經驗可以為顛覆提供具體想法；其次，消費者的態度和行為，從來就是商品行銷不可或缺的資訊，這些資訊可以為顛覆提供消費情報；最後，廣告公司是提出廣告訊息、完成廣告表現的地方，所以廣告公司可以為顛覆提供多樣的廣告手法。

這三種資源都是刺激顛覆的要件，值得深入討論。在這一章裡，我們將探討各種品牌顛覆的形成經過。從顛覆主張的角度來說，只要是創新的想法，不管它是枝節或主幹，都值得我們注意，用以補強我們的配備。

## 具體的點子

今日，廣告的數量以等比級數增加，消費者每天面對如潮水般湧來的廣告，這使得很多廣告從一播出就註定了被遺忘的命運。觀衆記得的是具體的東西，此乃人之常情；儘管我們所處的這個世界變得愈來愈虛擬而抽象，但這現象不但沒有改變，反而更能成立。

所謂的具體想法還不算是廣告創意，它們只是一些使得品牌定位清楚強悍的點子。這樣的例子比比皆是，比方說，它可能是一個絕佳的品牌名稱，例如新力的隨身聽，也可能是一個包裝的絕妙點子，例如蕾歌絲（L'Eggs）絲襪的蛋形包裝。這兩個例子在它們的產業裡都是赫赫有名的成功個案。接下來我們還要再介紹幾個類似的品牌故事。

有趣的是，具體的想法也可能來自廣告界。雪維（Chevy）是一家位於加州的墨西哥菜餐廳連鎖店，它的每一支廣告影片都用「新鮮電視」（Fresh TV）這幾個字開場，藉此傳達雪維重視食物新鮮的主要訴求。「新鮮電視」就是一個由廣告公司爲客戶想出來的點子。

地中海俱樂部是我們公司的客戶；一方面，我們覺得，短短三十秒鐘實在不足以完整描述客戶的產品所能提供的美好渡假經驗，另一方面，我們也發現，消費者對於如何運用每年僅有的幾星期假期，通常格外謹慎。所以我們建議客戶，用三十秒鐘的廣告，來誘使消費者購買長達三十分鐘的產品說明錄影帶。

三十分鐘的旅遊經驗，三十秒鐘的新鮮保證，這兩則是我們常提起的具體想法。但是用嚴格的行銷角度來看，它們不算是行銷的點子，也不算是廣告訊息。它們是「前置點子」（"pre"-ideas），廣告之前的廣告，訊息之前的訊息。

具體的點子可分爲四種類型：命名、附加服務、活動及媒體。

## 關於命名

若名字夠好，就算只有一、兩個字，也可以把產品公司的定位說得一清二楚。

「好人」(The Good Guys) 是一家位於加州的電器賣場。它的名字後來成爲它一系列廣告訴求的主要火力。所有的廣告影片都在描述顧客到「好人」購物的經驗。在每一支影片裡，難纏的顧客總是對不知所措的銷售人員提出各式各樣的要求；比方說，有一對假裝懷孕的夫婦買了一台手提攝影機，他們對銷售人員說，他們正要趕去醫院生產，但是不知道來不來得及用信用卡付錢，這時「快速信用購物系統」這幾個字就出現在螢幕上。在另外一支影片裡，一個顧客帶著我們在店裡實地感受「好人」眞誠的承諾，這些承諾包括超低售價、品質保證、免費安裝、免費運送等等。廣告的調性歡愉、幽默，但每一支廣告就是一次服務態度與品質的測試。這一系列的廣告影片證明了「好人」銷售人員的承諾確實可靠：我們不只把承諾掛在嘴上，我們是身體力行的「好人」。

這家電器賣場最特別的地方，也是它最成功之處，就是它的命名。取這麼一個有點大言不慚的名字，需要一些勇氣。「好人」在命名的同時，就爲公司決定了它的形象：投入、誠實、溫暖。店名這幾個字，暗示著由一個友善的、以服務爲導向的商家所提供的購物經驗。這是一個很棒的命名。

好的命名可以節省不少力氣。有些命名暗示了產品特性，例如寶鹼的產品：幫寶適（Pampers，英文原義爲嬌寵）、好自在（Safe and Free，英文原義爲安全又自在）等；有些命名則直指其功能，比方雅詩藍黛（Estee Lauder）化妝品的產品，有「逆轉歲月痕跡的面霜」（Turnaround Cream）、「絕對溫柔的眼部卸粧膏」（Extremely Gentle Eye Makeup Remover）、「隨叫隨到的滋潤乳液」（Moisture-on-Call）等等。

果汁品牌「理想果」（Fruitopia，意爲水果理想國）的命名策略也是一個好例子。它的子品牌有「檸檬與莓的直覺」（Lemon Berry Intuition）、「芒果與心靈的交流」（Mind over Mango）、「香蕉與香草的決裂」（Banana Vanilla Rupture）、「愛與希望的檸檬汁」（Love and Hope Lemonade）、「溫馴的桃子」（Peaceable Peach）、「橘子的波及」（Tangerine Wavelength）、「葡萄之上」（The Grape Beyond）等等。這些命名都引人垂涎，而且聽來讓人愉快。在這些命名裡可以感受到新世紀文化的影響；果汁的口味不再只是橘子、檸檬、覆盆子這類平凡無奇的水果名字。理想果讓水果有了小小的俏皮感，並且挺搭的。

「買一送一」稱不上是新奇的促銷手法，許多產品都試過。但是小凱撒（Little Caesars）披薩店把這種老套的促銷手法做得讓人耳目一新。它在每一支廣告影片裡都喊出「披薩披薩」（Pizza Pizza）這個口號，點出了買一個披薩送一個披薩的重點。這個絕佳的口號是一種戰術，目的還是藉此引伸出小凱撒的中心戰略：物超所值。「披薩披薩」充分發揮了口語的魔力，它不只是廣告口號，也是品牌特性的象徵。

娜娜（Nana）在法文裡有小女孩的意思，它也是法國少女最鍾愛的衛生棉品牌。娜娜衛生棉的包裝可愛精緻，讓小女孩願意大大方方放在背包裡，一點也不會不好意思讓人看見。它的命名和包裝傳達了一種輕鬆的態度，不必羞怯也不必遮掩。帶著一片娜娜衛生棉，就像帶著一隻口紅或一包面紙那麼自然。

娜娜衛生棉、理想果果汁系列和小凱撒披薩，都是顛覆了傳統命名策略的品牌。聰明的品牌知道，不能再用簡單的方式命名了；因爲產品名稱本身如果夠具體，就可以是一個點子。**好的命名、顛覆的命名，能夠更加強廣告的效果。**

## 關於附加服務

我們可以爲品牌想一個石破天驚的命名，也可以爲產品添加一點額外的服務，藉此與其他競爭對手有所區隔。達赫地是法國最大的家電用品專賣店，二十多年來，一直在力行這種爲產品添加服務的策略。達赫地與競爭對手不同之處，在於它從不舉辦任何促銷或降價活動；相反地，它是第一家提出「每日最惠價」口號的廠商。達赫地還率先提出「信任條款」的做法。這個條款是企業、員工與顧客三方面的協議，目的在於淸楚規範達赫地對於合理價位、優良品牌與售後服務的承諾。這個信任條款是一紙眞確的書面協議，每一個員工在加入達赫地的行列之初，都必須簽下信任條款。

在這份信任條款裡，達赫地提出好幾項具體的保證。其中之一是顧客可以在假日或非假日報修產品。相對於許多周日不營業或不接受報修的店家，達赫地的周日報修服務就是一個具體的附加服務。這項服務不但確立了達赫地誠懇勤奮的形象，還連帶加強了顧客對於達赫地其他服務的信心。

達赫地的做法在市場上引發了連鎖效應。繼達赫地之後，法國一家著名的「自己動手做」連鎖店樂侯梅林（Leroy Merlin），也提出了一個有力的附加服務：來電話五分鐘之內，一定指派專業人員回答顧客提出的任何關於自己動手做的問題。另一家叫吉坦（Gitem）的音響專賣店，則承諾爲顧客修復任何廠牌的收音機，不論吉坦是否代理該品牌。這些都是附加服務的好點子。

把附加服務的效果發揮至極致的典範，當推英國航空公司。最初，英航的經營目標完全以拓展市場爲主，並不重視服務的價值這回事。後來，英航逐漸發現，如果不推出新的服務，恐怕會漸漸失去與其他航空公司競爭的本錢，所以英航發展出一系列的附加服務，例如加大加寬座位、設立乘客休息室、專爲長途旅客設計一套身心鬆弛節目等等。英航甚至在機場休息室裡設置了淋浴間。每一項充滿創意的貼心服務，都指向英航以客爲尊的目標。經驗告訴我們，一旦決心讓顧客滿意，就沒有想不出來的點子或做不到的服務。最近，英航又提出了一項新的承諾：只要旅客來到機場，就一定可以劃到位子上飛機。英航把這項服務命名爲「來就飛」，萬一飛機已滿，英航也願意爲了一個客人而加派一班飛機。聽來難以置信，但事實的確如此。英航把所謂的服務推至極致。

美國企業也擅長運用這種用產品附加服務來區隔自己與競爭對手的定位，金口（Kinko's）影印店就是一個好例子。一開始，金口只是一家路邊的小店，靠著不斷增加新的服務項目，後來成爲全美最大的辦公事務服務中心。金口注意到，大部分的上班族都沒有家用電腦或攜帶式電腦，所以它在每個分店提供租用電腦的服務，顧客可以視自己的需要，以計時、計日或計周的方式向金口租電腦，還可以從服務人員那裡得到所有關於使用電腦的資訊。不僅如此，金口的營業時間是一週七天，一天二十四小時。金口把所有我們可以想出來的辦公室工作項目都列入營業範圍：傳眞、桌上排版、快遞、電傳視訊等等，應有盡有，它甚至在店內爲顧客準備了免付費的電話。金口在廣告裡宣稱自己是美國的「分公司」，是全美各公司行號最完備的辦公事物服務中心。

星元咖啡似乎沒有一天不在動腦筋想新點子。它並不自滿於順利開設了六百家分店，倒是積極致力於把每個客人都變成咖啡專家。星元的裝潢一點也不像傳統的咖啡店，反而像是一個小型的全球咖啡博物館。走進星元，你一定會忍不住瀏覽衆多關於咖啡的資訊與擺設。星元還出版了一系列名爲「熱愛咖啡」（Passion for Coffee）的叢書，在任何一家「巴恩斯與諾博」（Barnes & Noble）連鎖書店都可以買到。星元也與唱片公司合作，製作了一張爵士樂選集，用以搭配其精選咖啡「藍調混合」（Blue Note Blend）的上市活動。在諾德史壯百貨公司裡，甚至有「諾德史壯混合」的獨特咖啡口味。總之，星元咖啡非常善於運用藝文活動，也非常擅長挑選販售地點。星元不僅調配咖啡、販賣咖啡，它也把品嘗咖啡提升到藝術層次。

德科（Jean-Claude Decaux）製造與裝配的巴士亭，在全世界各大城市如巴黎、馬德里、倫敦、漢堡、阿姆斯特丹、布拉格、舊金山都看得見。在每一個國家，德科都得面對當地的競爭者，如果沒有好點子，很難贏得該城市議會的青睞。最近，德科發明了一個小小的裝置，裝在顧客家裡，巴士到站前三分鐘，這個小東西就會嗶嗶叫，所以你可以不用等就坐上巴士，這是一個實用、安全又便利的好辦法。安全的考量，大概就是使得德科贏得紐約市場的重要因素。附加服務造就了附加價值。

## 關於活動

我們前面曾經談過，英國航空的附加服務使得它成爲「全世界最受歡迎的航空公司」。在英航的創舉之中，最值得一提的應屬「寰宇最好康」（The World's Biggest Offer）活動。在活動期間，英航從每一趟的國際班次裡抽出一位幸運顧客，免費搭乘該班飛機。根據統計，共有六千萬人參與，而整個活動爲英航帶來價值將近一億美元的免費宣傳。這可不只是個普通的促銷點子，恐怕只有市場老大哥才有本錢與地位舉辦這樣的活動。「寰宇最好康」活動，使「全世界最受歡迎的航空公司」這句話有了意義，不再是虛浮的口號。

百事可樂以「新世代的選擇」爲廣告標語已經超過二十五年了。但是，這口號並不是一開始在電視廣告上用就一砲而紅，而是經由一系列名爲「百事挑戰」的活動逐漸打響。多年來，百事可樂把目標對準可口可樂，在全美各地不斷進行口味測試。後來百事可樂根據「百事挑戰」的結果，製作了一系列電視廣告，因爲當面較量是最具體的方法。「新世代的選擇」系列廣告的根基非常堅固而淸楚。「百事挑戰」爲「新世代的選擇」鋪了路。

「新甜」（NutraSweet）代糖的上市，則是一個成功結合了活動與廣告的例子。一開始，它在全美各地擺設了無數個印著「新甜」商標的老式口香糖球販賣機，那是我們第一次嚐到「新甜」的味道，試想，有什麼方法比這麼做更能證明它的口味幾可亂眞呢？同時推出的系列廣告，也一直強調著「請試一顆新甜口香糖球」。目前，全世界在包裝上印製了「新甜」的名字與商標的產品，已遠超過三千種。

所謂活動，可能是一個促銷的點子（例如英航），也可能是一個公關的點子。「華爾市場」（Wal-Mart）量販店的發明網絡（WIN），幫助了不少發明者找到製造商，重要的是它激勵年輕人勇敢地將夢想付諸實現。當這些發明者的努力蛻變爲一件件眞實產品的時候，「華爾市場」就把產品賣到全美各地。

法國排名第一的食品經銷商卡西諾（Casino），是第一個將公民投票的概念應用到行銷上的企業。它根據一萬名顧客投票的結果，來決定什麼商品該上架、什麼商品該撤櫃，結果，不少產品眞的就從貨架上消失了。卡西諾把投票的過程拍成一支電視廣告，還把各種奇怪的、吹毛求疵的顧客意見剪接在一起，證明它有誠意呈現出各種不同的意見——不論意見好壞。卡西諾的廣告與活動成爲它認眞做事的證據，因而創造了品牌誠信的形象。

「達克」是李維牛仔褲推出的休閒褲品牌。它的「輕鬆星期五」活動證明，好的公關活動可以達到什麼樣的宣傳效果。簡單地說，「達克」系列創造了「上班日也可以穿得輕鬆」的文化。在「達克」之前，美國男人的衣櫥裡放的不是上班服（西裝與夾克），就是工作服（牛仔褲與運動衫）。「達克」的產品剛好介於兩者之間：它的卡其材質比牛仔褲稍微正式一點點（而且為中年的啤酒肚預留充裕的活動空間），又比西裝舒適得多。「達克」不僅想說服美國男人買「達克」，還想說服他們在更多的場合裡穿起輕鬆的衣服。要使得穿「達克」上班蔚為風潮，鼓勵向來以前衛自許的加州企業採用「輕鬆星期五」（意即每個星期五可以著便服上班）的制度，是個頂聰明的辦法！這樣一個簡單的公關活動，後來成為一場席捲全美的文化運動。現在，美國上班族的穿著遠比過去隨意，即使在最保守的企業裡，「簡單、舒適」也已經成為一種可以被接受的穿著方式。今日，超過百分之三十的美國企業，允許員工在週五穿著輕鬆的服裝上班。

如果你想引進一系列先進的新款車種，而且要強調它駕駛起來的頂級感受，你會用什麼特別的手法呢？南非有一家汽車廠商使出一個怪招，搞得全國如墜五里霧中達一週之久。故事是這樣的：有一天，南非某地一個農民向警方報案，說他的田裡出現一大塊無法解釋的壓痕，警察也被難倒了，認為那也許是幽浮留下的記號吧！這樣一個不尋常的事件立刻掀起軒然大波，每一家報社都加以報導。

其實，那些軌跡不過是一個公關點子而已，因為十天以後，警方駕著直升機去調查，發現那些神祕的壓痕是一個寬達一百公尺的BMW商標。接下來幾天，BMW在所有的報紙上刊登全版廣告，標題是：「來自遠方的聰明生物：BMW。」這個看似瘋狂的點子令全南非的人開懷大笑，也爲新發售的BMW「第五」(Series 5) 車型跨出了銷售的第一步。

鈤星汽車也以辦活動來加強顧客的品牌忠誠度。鈤星眞的創造出一群忠誠而熱情的擁護者。從剛上市，鈤星的廣告就高喊「鈤星回娘家」的口號，邀請車主到鈤星工廠的所在地，田納西州的春山市齊聚一堂。在爲期四天的慶祝活動裡，大家不僅在愛車的出生地爲愛車慶生，更與負責生產製造的員工晤面。這個活動號召了七萬多人，約爲當時鈤星車主總數的十分之一。一連串的活動包括參觀工廠、與鄉村歌手共進野餐、甚至還有專爲孩子舉辦的露營活動等等，參加的人簡直樂壞了。整體的活動設計反映出鈤星汽車的經營理念——團隊合作、集體奉獻。對於花了五百萬美元辦活動的汽車公司，或是花了七十美元來參加活動的車主而言，這都是個不錯的投資，因爲這個活動強化了鈤星汽車的品牌形象。

舉辦活動可以使廣告的訊息變得更強有力，因爲活動很容易留在人心裡。研究指出，即便在活動過去五年之後，英航的「寰宇最好康」與BMW的「來自遠方的聰明生物」，都還令當地人記憶猶新。這時候我們不必大費周章做廣告，只要在廣告裡提示一下這些辦過的活動，就可以收到極好的廣告效果。

## 關於媒體

雖然我們把媒體這一節擺在最後，可不要小看它的威力。最有影響力的點子幾乎都和媒體脫不了關係。就拿電玩品牌任天堂來說，最近它出版了一本雜誌與電玩迷分享玩「超級瑪麗」的祕訣，談到如何加分、如何過關、如何從密道裡脫逃等等。這本雜誌教還提供一些快速過關的技巧，幫我們從層層關卡中安然脫身。對於「超級瑪麗」的玩家而言，這雜誌不可不讀，但是，從另外一個角度來看，要讀懂這本有趣的雜誌，還非得試著玩玩「超級瑪麗」才行。

有些產品把廣告當作六十秒的電視節目來製作，也是個成功運用媒體特性的點子。這些廣告做得像影集一樣有劇情、有場景，而且像連續劇一樣，一集一集播出，因而提高了觀衆收看的興趣。

有時候，甚至整個電視節目都是爲了廣告的目的，例如闊思（Coors）啤酒在美國有一個六十秒鐘的電視節目，叫做「闊思一分鐘」（Coors Light TV）。闊思啤酒最初的想法是把廣告影片做得像一個電視節目，只不過長度只有短短六十秒鐘，於是廣告公司把若干長度約爲十秒鐘，以啤酒爲主題的幽默短片剪輯在一起，沒想到消費者非常喜歡，因此，闊思啤酒把這些短片集結起來，便成了一個常態性的喜劇節目，在晚間播出。節目的內容五花八門，全圍繞著啤酒打轉。闊思啤酒以淩駕傳統的廣告方式，建立起與消費者溝通品牌利益的機會。「闊思一分鐘」一度成爲啤酒愛好者必看的電視節目。

如何讓消費者每天一醒來就想到啤酒？英國的土黑啤酒（Toohey's Export Beer）做了一個常態性的晨間新聞。節目有兩位主持人，一男一女，訪問特別來賓並報導當地要聞，傳遞出「飲用啤酒，充滿歡樂」的訊息。有些美國的電視節目甚至用工商服務節目（informercials）的方式，掩飾商業銷售的目的。

與媒體相關的好點子，有時候甚至可以外銷到世界各地。比方說，雀巢咖啡借用它英國分公司的點子，做了一系列肥皂劇式的廣告影片在美國播放。這些影片說的是一個鄰居之間的愛情故事。故事一開始，「他」向「她」借了一罐雀巢，愛情的火花因而迸放，接下來的廣告就像故事接力一樣，一集一集演下去。這時候《朱門恩怨》影集早已下檔，美國的觀眾閒來無事，把注意力轉移到雀巢的廣告上，想知道這段近水樓台的戀情最後有無結果。某個電視台甚至在當地新聞裡提出他們對於結局的預測。

MCI電話公司是另外一個運用媒體特性來創造顛覆效果的例子。MCI最新的廣告看起來不像廣告，反而像一個即將播出的電視喜劇或肥皂劇的預告。廣告裡虛構了一個位於紐約市的葛雷默西（Gramercy）出版社，以它爲主角，說明「MCI網絡」（NetworkMCI）絕對有能力幫助傳統公司轉型成爲現代企業。系列廣告的第一集，

介紹了ＭＣＩ網絡與演員陣容，爲它的系列廣告做背景說明。在這支廣告裡，葛雷默西出版社創辦人的兒子，把所有員工叫到跟前，說公司現在所用的機器非汰舊換新不可。他說話的時候，鏡頭的焦點集中在員工們各式各樣的反應，最後鏡頭轉到辦公室秘書夏莉的臉上，她看出同仁們的疑惑，轉過來對著鏡頭說（彷彿我們也是出版社的一員）：「再聊！」在接下來的影片裡，夏莉變成介紹ＭＣＩ網絡的主角。

在「電子郵件」那一集裡，我們看到一位年長的職員坐在空白的電腦螢幕前，顯然已經不知所措，只好叫夏莉來幫他看看有沒有人留話給他。夏莉叫他查一查電子信箱，但他說：「我只想看白紙黑字。」他說：「狄更斯、莎士比亞和費茲傑羅都不用這些鬼玩意，我爲什麼要？」夏莉只簡單回答：「他們如果生在今世，就一定會用。」

類似這樣的廣告故事有好多集，都在描述葛雷默西出版社的工作狀況。ＭＣＩ企圖讓消費者更眞實感受到新科技的好處，而這些廣告確實使一些抽象的想法變得清晰。ＭＣＩ告訴我們：電子時代並非遙遠的未來或模糊的幻想，而是此刻正在發生的事實。

我們在加拿大的合作夥伴柯賽特（Cossette）廣告公司總是強調，品牌的形象可以是抽象的，因爲好的廣告可以賦予抽象品牌具象的生命力。加拿大每年生產一千多種啤酒，如果沒有強而有力的廣告，許多啤酒品牌可能永遠沒沒無聞。當柯賽特廣告公司要爲剛上市的麥森啤酒（Molson）做廣告時，他們非常明白，除非企劃出充滿震撼力的廣告，否則客戶的產品不會有存活的機會。於是他們做成一個簡單的決定：他們要創造一個超級媒體事件，讓民衆參與其中。因爲這個點子，麥森啤酒上市的第一支廣告沒有結局；廣告結尾時，要求觀衆猜猜影片裡兩個冒險英雄最後的結局如何。廣告公司提出了兩種可能性，並且舉辦全國性的投票，看看大家比較喜歡哪一種結局。出乎意料之外，共有九十九萬兩千人投票，達總人口數的百分之十五。因爲這個數字驚人，兩個月後，當廣告公司又重施故技，要求大家票選第二支廣告的結局時，主辦單位心裡也忐忑不安，擔心萬一不像第一支那麼轟動怎麼辦。結果，第二次的票選活動吸引了一百一十萬人投票！這個案例說明，如果你能夠創造一個媒體話題，邀請民衆參與，民衆的反應可能會出乎意料外的熱烈。

去年法國也有個類似的例子，某食品廠商要求觀衆投票決定，廣告裡的訓話要留著還是換掉，以及那個說教的人該不該剪掉。投票結果是把他留著，因爲大家還是想聽聽這個人說教，叫大家不要花太多時間在煮菜上。

威凱是一家會玩媒體創意的廣告公司。最近市面上出現了一種叫做「OK可樂」的新產品，就是這個公司的作品。OK可樂以X世代爲目標市場，廣告公司爲品牌設計了一支免費熱線，邀請消費者抒發自己的心情與大家分享。OK可樂還發起了一個連鎖信的活動，要求收信人一定要把一封充滿勵志意味的信發給六個好朋友。這兩個點子成爲OK可樂電視廣告的題材。比方說，喝OK可樂或收到連鎖信的人會行大運，不喝OK可樂或是破壞連鎖信的人則會倒大楣。

有一支影片描述一個OK可樂的愛用者，莫名其妙繼承了三棟房子、一部遊艇和一隻肥貓；另一次是一個女孩剛剛看完電視上的連鎖信，一出門，就在停車場撿到百元大鈔。可是，忽略ＯＫ可樂的人卻被困在電梯裡六小時，而且因為異物纏住頭髮而不得不把頭髮剪掉。每一支影片的結尾都要求觀衆不要中斷那些連鎖信，並再次強調：「一切都會ＯＫ！」

這種做法看起來有點過分，可能會惹惱觀衆。但是，為了提高產品的知名度與購買動機，連鎖信不是很好的方法嗎？截至目前為止，已經有超過一千三百萬名的消費者，利用免費熱線電話來分享心情。

我始終相信，以事實為根據所做出的廣告一定比較有效。問題是，我們手邊不一定有足夠的具體資料。在缺乏具體資料的時候，就只能運用媒體創造出具體的話題。比方說，大家都記得ＯＫ可樂的連鎖信、ＢＭＷ的外星人事件和ＭＣＩ的葛雷默西出版社，如果這些企業以傳統的方式做廣告的話，恐怕不會有這麼好的效果。

成功的案例很多，它們看起來像一束雜色的花朵，像一個點子的市場，也像一個充滿想像力的圖書館。我們公司沒事時很喜歡把這些例子翻出來做參考，它們構成了我們的集體記憶資料庫。在所有的例子背後，是一種化抽象為具象的做法，一種一意要將看不見的意念化為實際事物的決心。

我們已經了解，企劃人員不只是資料的掌控者，也必須是好點子的供應商。作家柏諾提醒我們：「分析資料是導引不出好點子的。」當我們看到像ＯＫ可樂的連鎖信這類好點子時，就知道柏諾是正確的，這些好點子的背後除了資料，還有深諳顛覆觀點的企劃人員。

每當我們開始爲一個產品企劃廣告時，應該強迫自己回答以下幾個問題：有沒有什麼具體的想法？能不能也製作一個「闊思一分鐘」？可不可以開辦一個丹酪健康中心？要不要弄個網站？追根結柢一句話，有沒有辦法把一個尚不存在的東西變成看得見？

## 消費情報

有效、原創又所費不多的具體想法，不會那麼容易出現，所以，我們不妨把消費者的看法當作第二個靈感來源。

某個珠寶廣告說：「告訴你太太，你要和她再結一次婚。」某汽車製造商懷疑，你會不會把現在開的車賣給朋友。某個名字很古怪的飲料對我們說：「第一次很少是最完美的那一次。」某化妝品牌提出這樣的問題：「妳先生看妳的眼光，和他看其他的女人一樣嗎？」

消費情報是對於生活的觀察，有點像是從生活中偷來的情節片斷，彷彿侵入了眞實生活，從中揭露消費者的想法與行爲。如果有某種念頭、感覺或行爲，是你的競爭對手尙未善加利用的，那麼，你的機會就來了。比如說，你看到一個廣告說：「如果你比你的上司還老，該怎麼辦？」如果這剛好說中你的心事，你一定會覺得這個廣告就是在與你密談。消費情報深入市場大衆的眞實生活之中。**如果一個廣告人能夠準確表達出目標市場的感覺與想法，他就已經贏得了這場行銷戰爭**。貼心的語言總是拉近人的距離。

二十年前，騎摩托車的人什麼也不怕，現在，這些人跟在橫衝直撞的四輪汽車後面，感覺比坐飛機還緊張。還有，我們吃東西已經不是單純爲了存活，而是爲了健康。諸如此類的生活觀察，就是消費情報，它們反映出人們的態度與行爲。消費情報和消費者的預期不一樣。很多品牌拼死拼活，還是無法滿足某個特定族群的預期，有些品牌輕輕鬆鬆地運用消費情報，就賦予廣告無比的生命力，使得廣告訊息更動人、更具說服力。舉個例子來說，任何年齡的女人都愛漂亮，這就是消費者的心理預期。而現代的女性願意公開討論她們的年齡，甚至認爲年齡象徵著智慧、尊貴，這就是消費情報。

消費情報來自於人們的想法、行爲與感覺。消費情報觀察的，是消費者日常生活裡的細微末節。

## 消費者怎麼想

我曾在三家不同的廣告公司工作過，剛好這幾家廣告公司分別代理不同的汽油品牌廣告，所以我有三次爲石油公司企劃廣告的經驗。每一次，我都以在街上隨便找人聊一聊作爲企劃的起點。我發現，凡是隨機找到的受訪者，都對加油站這話題表現出毫無興趣的態度。即使他們剛從加油站出來，他們也完全不記得，剛才加進油箱的是哪個公司的汽油。

對一個汽油品牌來說，自己的產品與服務在消費者心中跟其他的產品沒什麼差別，是件蠻糟的事。通常做汽油這行的都承認也接受這個事實，但是，法國最大的加油站連鎖店「全部」（Total），認眞地把這個現象拿來檢視一番。它委託好幾家廣告公司調查消費者的態度與行爲，各家訪談的方式與內容都大同小異，得到的結論也了無新意；只有巴黎的ＢＢＤＯ廣告公司不這麼想，他們建議「全部加油站」做一支汽油產業前所未見的廣告：把訪談的實況剪接成三十秒鐘的廣告在電視上播出，使它成爲「全部加油站」下一波段廣告的序曲。在這支廣告影片裡，有六、七個民衆回答問題：

「先生，可以請你告訴我們，爲什麼選這家加油站嗎？」
「隨便選的！通常我會在看到的第一個加油站停下來。」
「這位女士您呢？」
「因爲它是個加油站，就這麼簡單。」
「這位先生呢？」
「沒有特殊的原因。」
「您呢，這位女士？」
「很簡單，我的車壞了。幹嘛，有差別嗎？」
結尾時，旁白說：「沒有什麼比漠不關心更令人難過了。全部加油站會繼續努力，讓您下次不再因爲偶然而選擇我們。」

這支廣告是其後一連串廣告的基礎。「全部加油站」敢在電視上播放這支廣告，表示它接受事實，知道在消費者心中所有加油站都一樣，但是，它也表現了決意挑戰這項事實的勇氣。這個廣告使人開始注意「全部加油站」的一舉一動，大家都猜，「全部加油站」敢播出這樣的廣告，八成是因爲接下來會有所動作。這種預期的心理不僅吸引了消費者，也凝聚了企業內部的向心力。廣告播出後的隔天，「全部加油站」的員工立刻覺得自己也有責任，要更努力一點。

接下來，「全部加油站」在每個加油站提供免費的保溫杯、乾淨的洗手間、打氣灌水的設備等等。他們保證，每小時更換乾淨的水讓你清洗擋風玻璃，並且提供手套，以免你在加油時把自己弄得一團糟。最重要的是他們成立了俱樂部，爲顧客提供資訊（包括旅行計畫、塞車狀況、緊急消息等等）。只要在期限內加滿一次油，會員可以擁有多達十五天的免費拖吊服務。總之，「全部加油站」照顧到了各種可能發生的意外狀況。

「全部加油站」所做的，不過是把消費者心裡的想法放上螢幕而已。善用消費情報的「全部加油站」，所得到的廣告效果是無法用數字估算的。

克申鮑（Kirshenbaum & Bond）廣告公司，對於自己創造「口碑效果」的能力相當驕傲，它證明了電視不是唯一可以改變消費者想法的管道。以花旗銀行的信用卡廣告爲例，廣告公司在雜誌上刊登了一則廣告，圖中是一隻帶著巨型訂婚戒指的手，底下的標題是：「這是爲了愛，還是爲了累計點數？」另外一則廣告拍下了一輛眩目的跑車，標題說：「這是爲了應付中年危機，還是爲了累計點數？」還有一則是關於兩個人的午餐約會，標題說：「她請我吃午餐是爲了表示心意，還是爲了累計點數？」沒錯，愈來愈多人是爲了累計點數才申請信用卡的，累計點數變成一個話題、一場遊戲、一種誘因。很多人在看完這些廣告以後難免會想：「不知道別人會用什麼方法來累計點數？」花旗銀行順應潮流，把累計點數當作主題來開玩笑，創造出讓消費者會心一笑的平面廣告。消費者的想法，就是消費情報。

有個看起來像是紐約中產階級的中年男子，穿著內衣短褲在院子裡跟狗玩。當他太太用濃重的布魯克林腔調叫他進屋去吃晚飯時，觀衆才看出來，這個「院子」其實是一個和足球場一樣大的美麗花園。當男子走出了迷宮似的花園，觀衆又發現，他們家是一棟英式風格的豪門巨宅。以上是「紐約樂透彩券」（New York Lottery）電視廣告的平面版本。還有幾支廣告同樣令人印象深刻：曾任票亭收票員的老兄中了樂透，於是興高采烈地爲經過的每一輛車付停車費；甫出獄的少年中了樂透，輕描淡寫地告訴朋友，「我上個禮拜剛買下一個加油站」。紐約樂透一開始以「一塊錢換一個夢」（A dollar and a dream.）作爲廣告標語，後來又推出了「世事難料」（Hey, you never know.）的系列廣告。不管廣告演什麼、說什麼，紐約樂透都說服了消費者，把購買彩券當作一種心靈消遣，鼓勵大家幻想：「如果我贏得頭獎，我要怎麼花？」換言之，買彩券不再是爲了贏錢，卻是爲了幻想贏錢。

花旗銀行、紐約彩券和「全部加油站」的廣告，運用的是大多數人共有的想法與看待事情的方式。當廣告裡呈現的信念與電視機前觀衆的想法互通時，品牌當然可以贏得目標市場的青睞。

## 消費者做什麼

誰沒買過幾件不合身的牛仔褲？誰不曾因爲牛仔褲緊得穿不上而惱怒不已？Ｌｅｅ牛仔褲的每一支廣告，都讓我們想起現實生活裡的狀況。在一支廣告裡，有個男生勉強穿上一條牛仔褲，結果歌聲變成了女高音；在另一支裡，女孩試遍了整個衣櫃，竟找不到一條適合的牛仔褲，樓下的男友等得不耐煩，竟然與她的室友相遇、交往、戀愛，最後走進了禮堂。

Ｌｅｅ牛仔褲以幽默的語調描繪出人們的生活經驗，藉此畫出一塊品牌的領土。Ｌｅｅ把自己定位爲「合身的品牌」，以此與李維牛仔褲火拼。

你是否曾經在坐公車或地鐵的時候，發現鄰座的人一直想讀你的報紙？你是否曾經在公車上玩填字遊戲，旁邊卻有人魯莽地一直要告訴你答案？你是否曾經在洗衣間裡投了錢準備洗衣服，有個人卻突然冒出來，說他等這台機器已經很久了？英國廣播電視公司（ＢＢＣ）的廣告，就用這些日常生活的經驗讓大家了解一件事：如果你不肯付費看公共電視的話，你和這些討厭鬼沒什麼兩樣，都是愛搭便車、愛貪小便宜的人！ＢＢＣ把大家在做的事情搬上螢幕。結果，ＢＢＣ的收入增加了三倍。

有時候，對於某個國家某個族群消費行爲的觀察，可以改變全世界的廣告策略。維克（Vick's）是一種治療輕微感冒的藥膏，銷售全世界，尤以墨西哥的銷量最高。墨西哥並不特別冷，感冒的人也不特別多，爲什麼維克會賣得這麼好呢？答案很簡單，當小孩著涼的時候，墨西哥媽媽們不只把維克擦在孩子的頭上，喉嚨與背上也要擦。她們認爲，這三個部位都擦了，感冒才會好。寶鹼公司把這個習慣放進廣告裡，然後外銷全世界。從此，無論在菲律賓還是德國，維克的廣告內容都一模一樣：小孩子身體不舒服時，如果媽媽把維克塗在孩子全身上下，治療的效果特別好。

Lee牛仔褲、維克感冒藥膏和BBC的廣告，沒有反映出什麼特別了不起的意識形態，只是善用一些對於日常生活與消費行爲的觀察。只要環視周遭，就能得到有意思的發現。

## 消費者有何感覺

一般人可能以同樣的方式想事情、做決定，當然，也可能有同樣的感覺。消費者的感覺，有時也是廣告人最佳的靈感泉源。

西班牙梭歌（Sogo）百貨公司的廣告，常常提醒女人，沮喪的時候不妨逛逛街、買買衣服，它甚至在廣告中因爲提醒了我們這件事而致歉。梭歌百貨的一系列廣告，找出了所有令女人沮喪的原因，每支廣告都問女人一個問題，例如：「妳是否注意到，在妳規律節食的同時，有些女人一直吃個不停卻不會胖？」或者：「妳是否曾經注意過，幾乎所有英俊出衆的男人都是……同性戀？」然後，有個聲音會說，「眞抱歉，又讓妳想起這件事了。但是，沮喪的時候就出門逛街買衣服吧！」梭歌百貨說，逛街是提振女人精神的最佳方案。

大家常有一種感覺，和銀行打交道時有種害怕和挫折感。美國南部有一家中等規模的銀行，第一商業銀行（First National Bank of Commerce），它甘冒大不韙，在廣告中把這種挫敗感描繪得淋漓盡致，藉以指出銀行服務品質普遍低落的事實，它的結論：和一個規模中等、重人情味的銀行來往，反而對消費者比較有利。

有一支廣告影片模擬銀行警衛系統的監看效果，畫面就像從電眼看出來一樣是黑白的，螢幕一角還出現錄影的時間。呈現在眼前的，是一個大銀行運作的實況。我們看到一位老先生在與櫃台人員說話的背影，他說銀行收的手續費似乎太貴了。銀行職員蠻不在乎：「如果你嫌貴，可以開個比較便宜的帳戶啊。」客人顯然生氣了，對職員說：「那你以前為什麼不告訴我你們有比較便宜的帳戶？」職員面無表情說：「我不知道你想要啊。」螢幕上出現一個閃動的黑框，框裡有一行字：「你方才目擊了一樁銀行搶案。」

在另外一支廣告裡，一位銀行職員向一對夫妻說，他們的貸款被拒絕了。太太問為什麼，行員給了她一個制式的回答：「大概是因為你們的經濟狀況不大穩當吧。」這對夫妻十年來一直是這家銀行的忠實顧客，也從未發生過任何往來的糾紛，因此先生頗感驚訝，想對職員做些解釋。職員立刻說她知道，但是，她露出了馬腳：她其實連這對夫妻姓什麼都不知道。同樣，黑框裡出現了一行字：「你方才目擊了一家銀行倒閉。」

第三支廣告裡，鏡頭照著一個坐在椅子上等待招呼的人。銀行職員走來走去，卻沒人理他，他抱怨說已經等三十分鐘了。這時，畫面上打出：「你方才目擊了一家銀行資金凍結。」

我們都知道，對銀行而言，顧客不是顧客，而是風險。風險有高有低，每個人都擔心自己被當成高風險的那個。這是放諸四海皆準的消費情報，第一商業銀行運用之妙，無人能比。消費情報是顛覆主張的第二個來源。善用消費情報，可以提高觀衆對廣告內容的參與度。爲了開發消費情報，你必須像個偵探，敏銳地追蹤日常生活裡的細節，思考這些細節代表的共同意涵與共同感受。

## 廣告手法

你絞盡腦汁要找一個具體想法，但一無所獲；或者你努力搜索消費情報，卻徒勞無功，這時候，不妨從第三種創意資源入手——換一個角度看事情，或者換一種調性說故事。透過創新的廣告手法，可以爲品牌塑造一個前所未有的表現方式。

以下，我把第二章提過的廣告分類方法：點子－領土－價值觀，拓展爲六種廣告表現手法。我爲這六種手法取了一個名字：「創意階梯」。我們將經由這些不同層級、不同目的的階梯，學會辨識各種可能的廣告創意手法：

**印象—特性—利益—領土—價值觀—角色**

通往顛覆之道的方法之一是問自己：我的廣告究竟應該落在創意階梯的哪一個位置上？你必須想清楚廣告的用意何在，是要**強化消費者對於品牌的印象**（例如百威啤酒借青蛙之嘴反覆唸著品牌的名字），還是在**凸顯產品特性**（例如艾維斯租車公司一貫的廣告訴求：「因爲我們第二，所以更努力」）？是要**強調產品的好處**（例如汰漬洗衣粉運用戲劇化的手法表現其清潔效果），還是想**拓展品牌的領土**（例如李維牛仔褲向歐洲傾銷美國的流行文化）？是要**反應出一種價值標準**（例如耐吉崇尙超越自我極限），還是要**扮演某一個角色**（例如維菁音樂推銷青少年次文化）？

問這些的目的，是要徹底跳脫同類型廣告的旣有表現手法，創造新的內容與風格。耐吉運動鞋就是一個好例子：它是八〇年代第一個捨棄功能訴求而改用價值訴求的品牌。在品牌生命週期裡，如果選對了時間，我們可以經由創意階梯裡位置的變動而達成顚覆的使命。比方說，百事可樂選擇用領土策略（「新世代的選擇」），取代「口味好」這個單純的產品好處的訴求；ＩＢＭ捨棄了以大型電腦爲主角的系列廣告；釷星汽車把自己和美國傳統價值觀結合在一起；維菁音樂強調音樂在我們生命中的地位……這些品牌，都有屬於自己的表達方式，與衆不同的廣告切入點。它們打造出自己的優點，在所處的產業裡形成突破，成就了顚覆的意義。

尋找表現手法時，應該順著階梯「由下而上」考慮，也許有人覺得不必要，我卻認爲必須遵守。我們主張，這應是策略性的決定，而非創造性的決策，所以可以討論。而好點子是從爭論中產生的，不是嗎？

# 利益

在廣告裡展示產品的利益，是一種最常見的廣告手法。對於很多人來說，這種手法是金科玉律。洗衣粉讓衣服潔白、汽車提供行車安全、飲料用以解渴、保險滿足安全感等等。最好你還能進一步說明，使用某品牌的結果，比使用其他品牌更白、更安全、更解渴。

很多人以爲，說明產品的利益，只不過是一種對消費者的承諾罷了，其實可以用它來描繪消費者實際使用產品的過程，描繪成一種充滿樂趣的經驗。

法國的毛線品牌不是推銷產品（毛線），就是推銷成果（毛衣）。菲達（Phildar）選擇了第三種可能性：推銷自己動手編織的樂趣。

眞實的產品使用經驗會帶給消費者不一樣的感受。有時候，甚或可能改變消費者的人生觀與世界觀。思蜜諾（Smirnof）是一個英國茶葉的品牌，它有一則廣告這麼說：「在發現思蜜諾之前，我一直以爲釋迦摩尼是個葡萄牙僧侶。」另外一支廣告說：「在發現思蜜諾之前，我整天待在公立圖書館裡無所事事。」第三支廣告則說：「在發現思蜜諾之前，我們總是兩個人無趣地日日對飲。」對於英國人來說，喝思蜜諾的產品是一種打開眼界，發現無窮生活樂趣的經驗。思蜜諾在七〇年代推出了上述這一系列的廣告，奠定了思蜜諾成功的基礎。

探戈（Tango）橘子水也是一個英國的品牌，無獨有偶地，它也從消費者實際使用的經驗裡找到一個可以利用的機會。探戈橘子水發現，柑橘飲料有一種獨特的氣味，會在我們喝第

一口的時候在喉嚨裡產生一種強烈的刺激。根據這個發現，探戈橘子水製作了一系列誇張的廣告。在廣告裡，一個無辜的消費者喝了第一口探戈橘子水，然後一個橘子怪獸突然出現在他身旁打他一巴掌。而每一支廣告都用一句相同的話作爲結尾：「你知道自己什麼時候跳（喝）過『探戈』（tangoed）。」因爲廣告中的雙關語和幽默訴求，對於英國的消費者來說，探戈橘子水不再只是一種解渴的飲料，而是一種新鮮的消費經驗。

探戈橘子水和思蜜諾販賣的都是經驗而非產品。更重要的是，每當你喝這些產品時，廣告的內容就會立刻浮現腦海。對這些產品而言，廣告早已成爲產品使用經驗的一部分。它們深深明白，人們不只消費產品，也消費廣告。

## 特性

艾瑞爾（Ariel）洗衣粉於一九六八年起在法國上市。它是第一個含有酵素的洗衣粉，也就是所謂的「活性洗衣粉」。當它的獨家配方與特殊功效獲得市場肯定時，它在洗衣粉產業的位置也就確立了下來。近三十年來，艾瑞爾仍是法國洗衣粉第一品牌。

像艾瑞爾洗衣粉這麼具說服力的購買動機並不常見，如果你的產品沒有這樣的優勢，你必須從所有與產品有關的事實裡，努力篩檢出足堪大任的購買動機。與產品有關的事實，通常可以提高廣告的可信度，賦予廣告更多深度。還記得由上奇廣告公司企劃製作，從電影《第三類接觸》得到靈感的英航廣告嗎？在影片裡，有一艘巨型太空船橫越大西洋。這艘太空船正是整個曼哈頓島。這支影片要傳遞的訊息具體有力：每年搭乘英航橫渡大西洋的旅客超過兩百萬人次，差不多相當於全曼哈頓島的人口總數。從這支十幾年前轟動一時的廣告看來，以事實作爲廣告主題的確很有說服力。

嚴格說起來，事實不完全等於購買動機；事實比較像是一個信任產品的理由。當艾維斯租車公司說「我們會更努力」時，你相信它，因爲你接受了艾維斯是市場第二品牌的事實。當象牙香皂（Ivory）宣稱它的純度是百分之九十九點九四時，你相信它，因爲它自己承認並未做到百分之百。當快適口沙拉油說「除了一小匙，全部都能回收再用」時，你相信它，因爲它坦承食物的確會吸油，儘管只有一小匙。

面對事實，我們願意退讓。所以，用與產品有關的事實或以產品本身屬性爲基礎的廣告，通常有效，因爲這些廣告給我們理由去相信產品。

## 領土

領土不是產品的好處；領土是由本質與形式混合而成的。在前面的章節裡，我們曾經提過羅夫羅蘭的「舊世界觀／新英格蘭」風格，我們可以從產品設計、店頭擺設甚至攝影師的選擇裡，感受到這個品牌用一致的方法塑造品牌風格，釐定品牌的領土。服裝設計師與香水品牌都精於此道。

類似的例子還有許多。比方說，早在一九七〇年代，班森哈其司香菸公司就爲自己找到一片領土。香菸原本是一種平凡的商品，在一般的廣告表現裡，除了把包裝秀出來，很難有什麼驚人之舉。班森哈其司香菸公司，是第一個大膽使用超寫實手法來表現產品風格的品牌，顯示出這個商品的企圖心：以擁護「與衆不同」的訴求，向社會菁英分子喊話。一系列模擬達利畫風的廣告，奠定了班森哈其司香菸在目標市場心目中的地位。英國的香菸品牌絲品（Silk Cut）也跟進，採用相似的手法做廣告。

雀巢是即溶咖啡的品牌。在法國，雀巢用咖啡原產地與咖啡豆衍生出來的氣氛，作爲塑造形象、界定領土的工具。它的廣告影片總是亮麗繽紛，像是一則又一則介紹安地斯山脈（著名咖啡產地之一）風土人情的短篇紀錄片。有時，廣告裡也會出現印第安原住民載歌載舞的畫面。雀巢放棄了大部分競爭對手所嫻熟的家庭訴求（例如在廣告裡呈現全家人享用咖啡的快樂情境），改採咖啡豆產地的原鄉訴求，是一種往上游發想的廣告手法。

領土可以是一個影像，也可以是一股風潮。二次世界大戰以後，美國的品牌就在歐洲的青少年市場裡掀起了一陣流行旋風。可口可樂也好、李維牛仔褲也好，它們在歐洲的成功，要歸功於把美國文化裡「崇拜年輕」的神話發揮到極致。在六十年代到七十年代之間，一連串以年輕人生活形態爲訴求重點的廣告陸續上市。直到現在，這種反應「年輕就是美」的廣告仍比比皆是，不同的只是製作更精緻、內容更多元而已。

在羅迪服飾的廣告裡，我們看見了對於現代女性的推崇。但是仔細想一想，這些廣告其實沒有完全脫離社會對於女性角色的傳統刻板印象，因爲在廣告裡，我們還是會發現「女爲悅己者容」這種缺乏自主精神的意識形態。相較之下，李維女性牛仔褲的廣告就往前跨了一大步。在李維女性牛仔褲的廣告裡，不見以男性爲中心的議題，只剩下女人對自己的評斷。在某一支廣告裡，影片由「尋愛的女人」(Woman Finding Love) 這幾個大字揭開序幕。接著，畫面上出現一個穿著藍色牛仔褲，酷似馬蒂斯畫風的抽象女體線條，隨著略帶憂傷的背景古典音樂，在圖畫般的場景之間移動。後來，所有的畫面混合在一起，自全黑的背景中浮現出一排字：情慾(Lust)、虛驚(False Alarm)、寂寞(Loneliness)、運氣(Luck)。緊接著，漂浮著的女體又出現在畫面上，輕盈地降落在一顆心上，人與心一起變成李維女性牛仔褲的註冊商標。我曾經把這支影片放給很多人看，男人多半不以爲然，女人卻非常喜愛。

## 價值觀

一開始，廣告只有黑白兩色。鏡頭從正上方鳥瞰下來，捕捉到一個蒙面的壯漢匆忙跳下車的畫面。旁白說：「從一個面向看事情，會得到一個觀點。」接下來，鏡頭轉到街角一隅，我們看見這個蒙面漢快速奔向一個老年男子，這時旁白說：「如果換一個角度看事情，就會得到不同的結論。」畫面上蒙面漢粗魯地撲向老人，緊接著畫面一轉，我們才明白，蒙面漢不是要打劫，而是想及時把老人從即將坍塌的牆邊拉開。旁白接著說：「唯有看清事情的全貌，才能了解眞相。」最後，全黑的畫面上出現大字：The Guardian（「衛報」）。

我很喜歡這支英國《衛報》（*The Guardian*）的廣告片，它是我最喜愛的十支廣告影片之一。

它說明了做個好記者、好報人有多麼不容易，也解釋爲了要得到好的觀點，我們必須和事件保持一定的距離。《衛報》以「捍衛專業與客觀」爲立場，而它的廣告將立場表現出來。

可以在品牌的前景之下表達出價值觀。客觀、常理、自信、平衡、超越自己、懷舊——這些只是某些品牌選擇的價值觀。以下看三則法國的例子。

從一九七三年以來，法國的農民信託（Credit Agritole）銀行就是「常理」的代名詞。它是法國最大的銀行，作風親切、自然。它的廣告說：「你生活中的常理。」

法國火車速度很快，締造了時速超過三百英里的世界記錄。在歐洲，大家都喜歡坐火車，很少搭飛機，更別提灰狗巴士了。如果你淸楚歐洲這種習慣以火車代步的歷史，以及因爲空中航線有限而火車技術不斷更新的現況，大概就可以了解，爲什麼「人人共享的進步，才有價值」這樣一句略帶十九世紀味道的話，是法國鐵路公司（SNCF）的廣告詞。

艾維恩礦泉水標榜的價值是「均衡」。均衡指的不只是水中所含的礦物質，也指平衡的人生觀。換言之，飲用艾維恩意味著身心的平衡發展，它能給我們這些，而其他飲用水做不到。對艾維恩而言，我們喝的水像呼吸的空氣一樣重要。

## 角色

品牌能夠扮演一個角色。雷樂（Leclerc）是一家法國的中型連鎖超級市場，一直致力於破除法國社會制度面與法律面的障礙；更具體一點說，雷樂超市向一切阻礙自由競爭的規範宣戰。比方說，在法國，維他命C只有藥房可以賣，雷樂超市就在廣告裡大喊：「雷樂超市不能賣維他命C。什麼時候藥房才會開始賣橘子？」爲了抨擊法國銀行的壟斷現象，雷樂超市在店裡以半價抛售金銀珠寶。當服裝製造商不讓雷樂超市當它們的中盤商時，雷樂超市就告它們。

雷樂超市本來就擁有廉價的形象，它那些疾呼推翻商業規矩的廣告，更強化了這種形象。雷樂超市讓大家漸漸了解一件事：如果沒有自由競爭，就不會有便宜合理的商品。

很多品牌都與雷樂超市一樣，在消費者心裡扮演某種特別的角色。比方說，在大多數人的心裡，家是最最重要的。正因如此，法國最大的建設公司鳳凰房屋（Maison Phenix）一直在推銷一個觀念：每個房子都應該是一個家！李維的「達克」系列休閒褲的角色，則是「向一切無聊的規則、傳統與禁令挑戰」。

我所見過最亮眼的角色扮演，是一支來自西班牙的廣告。片子拍的是一隻狗，牠的小主人黏在電視機前面，根本忘了牠的存在。小狗打開手提包，放進自己的飯碗、牙刷、一張男孩的照片，然後，牠闔上手提包，用爪子抓起它，回頭看小主人最後一眼，垂頭喪氣地走出門。這支廣告是西班牙TVE電視台的經典之作，曾獲坎城影展的最佳廣告獎。TVE爲自己設定的角色，是一個勸孩子們少看電視的電視台。透過廣告影片，TVE展現了無比的智慧。

大部分的止痛藥廣告都在介紹產品的療效與用法。然而，法國最大的成藥製造商UPSA實驗室，卻賦予自己「最了解疼痛」的角色。這是一場艱鉅的戰役、一個顚覆的使命，在UPSA之前，從來沒有其他藥商敢這麼做。UPSA以顧客的親身經驗來強調，UPSA的角色有多麼重要。在一則UPSA的平面廣告裡，一邊是個可愛的嬰兒，另一邊的文案則寫著：「痛。馬修，三個月大，還太小，不會說痛，但已經大到知道痛了。」沒有人喜歡討論痛，所有的藥廠都只談如何止痛，唯有UPSA大膽地把焦點放在「痛」這個字上，使自己的產品在消費者的家居生活裡佔有一席之地。

從一九八四年推出麥金塔到現在，整個電腦產業的環境已有所改變。爲了因應九〇年代的消費趨勢，蘋果電腦在推出筆記型電腦 Power Book 的廣告裡，稍微修正了自己的角色。一九八四年的時候，自由還是個非常重要的議題，麥金塔的廣告極力倡議人性的解放，主張不受機器控制；在當時，這個訊息相當切中時局。時至今日，大家關心的議題，已經從爭取自由變成爭取個人意見與自我成長的空間，而麥金塔的筆記型電腦，大大提高了這些主張得以成眞的可能性。它捨棄了長久以來「麥金塔平易近人」的說法，改談筆記型電腦的彈性與相容性。蘋果電腦這則廣告脫離了功能性的訴求，而轉向更細緻、更敏感的人性化訴求。差不多有超過二十支的廣告都在強調同一句話：「你的 PowerBook 裡有什麼？就是你。」蘋果電腦這支廣告反映出一個想法：使用者有多少個人，PowerBook 就有多少種樣貌。PowerBook 比什麼都更能表現出消費者的個性。

雷樂超市、TVE、UPSA等這些品牌，都爲自己找到一個角色，並以此傲視同儕。我們稍早介紹過的維菁音樂也是如此，它在廣告裡表達了「在生活裡，文化永遠嫌不夠」的意念。一支多年前拍的黑白維菁音樂廣告，令我印象深刻。著古裝的男人貪婪地吃著書頁，螢幕上閃過一行字：「世紀末將近，文化饑渴橫掃全球。」接著，我們看到一個怪人正在攪動女巫的湯鍋，音符像蒸汽一樣從鍋中升起……一群被剝奪了文化的人，目不轉睛地盯著一張海報，海報上說：「沒什麼可看的。」這時，音樂的節奏逐漸加快，憤怒的群衆衝向前撕破那張海報，幾個大字出現在螢幕上：「夠了，夠了。」

天空開始隆隆作響，我們看到這樣的標題：「女神在飢餓的群衆前現身。」一個尊貴的胖女人裹著一件及腰的白色束衣，從山頂慢慢走下，走向震驚的群衆。她向天空舉起雙手，神奇的魔咒隨之而來，Virgin Megastore（維菁音樂城）幾個大字出現，群衆拉著一輛滑車上的繩索，鑄鐵的車輪開始轉動，輪子裡有「音樂」、「圖書」、「錄影帶」、「音響」和「餐廳」等字，不停轉著。最後，「沒有人會忘記這一幕」幾個大字閃動著，我們的女神緩緩離開受了啓蒙的群衆，回到遙遠山頭上她的小廟裡。

最後一幕，我們聽見了故事的結局：「從那時開始，維菁音樂城的信徒從每天早晨十點守到午夜。維菁音樂城，全世界各大城市都看得到它。」

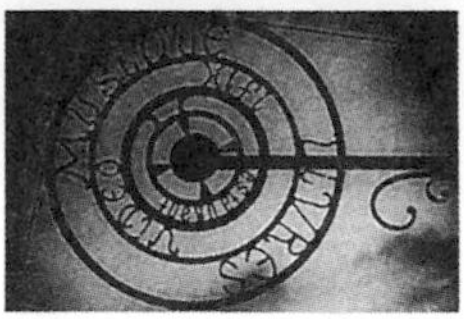

這支廣告和維菁音樂城內隨處可見的海報，讓維菁音樂「文化啓蒙者」的角色顯得非常自然。在維菁音樂城七年的生命裡，它的廣告風格爲它創造了一種無與倫比的氣勢。

## 印象

螢幕上有一個超大的溫度計，裡面的水銀已經換成了啤酒，度數指著一六六四；鏡頭跳接到一個舞蹈比賽的會場，四位舞者轉過身，露出背上的數字：一、六、六、四；換一個場景，出現了一隻電話，鍵盤上只有一、六、四等幾個按鈕。這些不尋常的影像並置於一支巴洛克風格的廣告裡，目的是爲了提醒大家：冠能堡啤酒首釀於一六六四年。我們太容易忘記，最簡單的、最明顯的影像，往往就是一則有效的廣告。有誰會忘記百威啤酒廣告裡的青蛙呢？

我們可以做到只是讓大家認識某個品牌，也可以將品牌的重要性表現出來。米其林輪胎就做得很好，它的廣告說：「你的輪胎承載了太多。」英國的登路普也是，它的廣告說：「你會訝然發現，你有多麼想念登路普！」在某支登路普的廣告影片裡，一開始，有個女人在打網球，當她把球拋起來準備發球的時候，球竟然不見了。接下來是一連串的蒙太奇剪接，畫面上類似的事件不斷發生，登路普生產的各種產品逐一消失，包括瓷磚接合劑、靴子、輪軸、輪胎、滅火器材、床墊等等。這支廣告影片令人難忘，因爲它讓我們具體看見，登路普在今日英國人的生活裡佔有多重要的地位。

你可以藉著品牌的存在（或不存在）所造成的影響，來說明這個品牌的重要性。這類廣告通常以強悍的手法來表現。登路普的廣告裡，壓跟兒沒有談到任何與產品有關的好處，它把焦點集中於存在與不存在，並以此建立品牌在消費者心目中的認識。

顯然地，以建立品牌印象爲目的的廣告，比那些以價值或角色爲基礎的廣告要實在一點。在我心目中，創意階梯是有層級之分的，我認爲「印象」在最下一階，而角色則在最上一階。不過，我每天都在抗拒這個想法，因爲實在很難說，哪一個表現手法絕對比其他手法更有效。這座階梯呈現的是各種可能性，它可以幫助你自由想像品牌自我呈現的方法。

# 全新

在品牌的生命周期裡，一個品牌可以改變自己所欲傳遞的訊息。提出一個具體的想法，可以更加強它所要說的話。發現一個有關消費者的事實，可以讓品牌引起消費者的共鳴。或者改變廣告手法，讓品牌以新面目出現。一個品牌決定要說出不一樣的話，是它在向自己提出質疑。一開始，我們也許會驚訝於它們說的話和以前不一樣了，然後會以新的眼光看它們。新的聲音讓品牌有新的力量，讓人重新發現品牌，全新的品牌。

# 第四部

# 顛覆之後

曾經做出成功的廣告，不表示從此立於不敗之地。
如果不能認清環境的變化並跟上時代，
終究會被淘汰。
就眼前來看，廣告公司面臨兩大挑戰：
新科技的衝擊，與企業的關係。

# 8

# 數位兒童時代

## 消費同志在哪裡

要刺激消費者的購買慾望，

鼓勵他們對品牌保持忠誠，

就必須不斷激起他們的好奇心，

並懂得善用現代科技「著重參與」的特色，

懂得在個人的層面上，深化人與人的關係。

在我即將寫完這本書時，生產網路軟體的網景公司股票已經上市六個月了，它的表現可謂前所未有：一個營業額低於八千萬美金的公司，身價卻高達四億美金。在一九九六年的一月到三月，網景只做了一件事：到處贈送軟體。從網景這種顚覆性的舉動，即可窺見新科技的商機無窮。微軟公司也不得不在策略上徹底改變，以求因應。

許多事我們認爲不可能，但一夕之間發生了，網景就是一例。過去五年來，關於資訊社會來臨的文章和書籍氾濫成災，我們極力想像資訊社會長得什麼樣，但頂多只見其輪廓。想要瞭解眞實世界高度數位化有何意涵，並且將未來具象化，不是容易的事；但見各種假設滿天亂飛，各樣解釋紛紛出籠。面對這樣一個多變的時代，只有一件事情可以確定：你我將在快速變化的環境中，成爲某種專家。

多媒體不只是把舊的傳播管道和新的傳播管道結合在一起而已，它還創造出完全不同的思考方式。世界將會屬於「數位兒童」（digital kids）——在數位時代裡長大的孩子，不知道在ＭＴＶ與個人電腦出現之前，人們過著什麼樣的生活，甚至不知道蘋果和ＩＢＭ哪個公司比較老。更重要的是，與電腦接觸多年、受電腦的思考方式感染之後，數位兒童的大腦運作方式也變了。他們比較少用傳統的、直線的、敍述的方式思考，而多用樹枝狀的方式思考。這一代與上一代在思考方式上不是程度的不同，而是本質的不同。

廣告公司已逐漸掌握了這種新現實，並了解新現實對於他們與消費者的互動將產生什麼意義。他們瞭解，多媒體不但象徵一個時代的變遷，更是一個絕佳的跳板，讓他們進入新領域、扮演新角色、塑造新的傳播方式。廣告公司試著慢慢把專用名詞拋在腦後，也不去理會什麼目標市場。從現在起，他們知道這群人（我們仍有這種討厭的習慣如此稱呼人）會回嘴。他們非常明白：消費者可以根本不理他們，如果想要眞正打動消費者的話，就得發明新語言和新的說話方式。你需要對話，而非獨白。

## 互動和創意

資訊高速公路尚未舖好，可是網際網路已經打了頭陣，而有線電視網在全世界的實驗也頗有成果。與觀衆間的互動帶來無限的可能性，諸如提供直接管道，讓大衆找到自己有興趣的主題，以及應觀衆要求去製作節目，都已成眞。此外，可讓我們每一個人依自己興趣來編輯新聞節目的數位電視，眼看即將問世。

到了每個觀衆都可以編輯並組合自己喜歡的電視節目時，有沒有幾百個頻道供選擇，已經無關緊要，而「廣播」轉變成「窄播」，因爲窄播才能使廣告商接觸到消費者。據我們了解，已經有超過五百個頻道正朝此方向努力。窄播的消費者會成爲客戶。不過，這個數位化的過程可能要花上二十年，才能使行銷大師雷斯特・汪德門（Lester Wunderman）的舊夢成眞，廣告商可以與消費者持續交談。這種新的一對一的對話可用以下模式說明：

傳統：廣告商將目標觀衆視爲被動的收訊者。

顛覆：新媒體讓消費者可以與品牌發展出個人的、主動的關係。

前景：從此以後，只有藉著這種一對一的關係，才能建立品牌忠誠度。

我們已經知道，現代科技加快了競爭的腳步，所以，培養忠實顧客，是這場遊戲裡最關鍵性的投資。將來，不只是品牌在整個市場的佔有率應受重視，也應在乎該品牌在個人消費總額中佔有百分比的多寡。

消費者佔有率策略也就是忠誠策略。一個品牌必須利用每一個與消費者接觸的機會來深入瞭解他們。現在這麼做了嗎？沒有。大多數的品牌都錯失良機。隨便舉個例子，在這種晚一步就被競爭對手搶得先機的時刻，有多少的資料庫裡空空如也？有多少民生用品積極在主顧群中建立「忠實顧客特別計劃」？廣告人不應再把媒體當成供應商，而該把媒體當成合夥人，因爲此二者的消費群是同一群人，但有多少廣告商至今還不明白這道理？與消費者建立關係，是一個必須注意細節，必須小心的長期過程。

現代科技對消費者來說就是力量。消費者「完全避開廣告」的能力已經增加了十倍，看電視的觀衆可以像看書報一樣隨心所欲，隨自己高興選台、購買、轉台、拿起搖控器或放下。這種情況下，廣告最是無法灌輸資訊給觀衆。這些不再是祕密，但許多人還是繼續我行我素，彷彿明日的廣告型態仍像郵購直銷一樣，只要依時代而更新資料就行了。

如果只是把老的廣告技巧用在新科技上，是絕對不足以脫穎而出的。想超越，就必須發明新語言，重新定義所謂的「好」廣告是什麼。互動媒體的使用者將可選擇自己喜愛的廣告，決定什麼時候看這些廣告。他們甚至能花錢躲掉所有的廣告，然而，因為他們還是想看到星期天晚上的免費電影，所以只好自願觀賞十分鐘的廣告。並且因為消費者不再消極地看廣告，所以我們不只要努力讓他們去買商品，還要讓他們接受我們的廣告。這就需要豐富的創造力了。從現在起，只有巧妙的、聰明的、有趣的，並有能力與觀眾對話的影像，才能吸引他們的注意力。

要引起消費者的慾望，鼓勵他們對品牌保持忠誠，就必須不斷激起他們的好奇心，也就是要善用現代科技「著重參與」的特色。美國著名的資訊服務網「美國線上」（America Online）早已知道一項事實：多媒體的功能就是在個人的層面上深化人與人的關係——廣告公司也必須明白這一點。參與最重要。「美國線上」成功的原因很簡單，它瞭解「關係價值」是多麼重要。使用者希望與別人同聚，共享同志感覺。

於是，當我們公司為「坎沛」（Campell）蘇格蘭威士忌設計網站時，也以此同志感與參與感為目標。此刻，全世界所有「坎沛」蘇格蘭威士忌的消費者都把注意力放在同一件事情上：一九九九年十二月三十一號。「坎沛幫」（Clan Campell）網站是一個把消費者轉變成夥伴的工具，這個網站鼓勵消費者參加即時上網的連線遊戲，把喝威士忌的愉悅轉化為共有的興趣。虛擬尋寶遊戲的主題，就是尋求夥伴的接受。最初，這個網站以遊戲來吸引消費者，然後在接下來的三年中，導引他們從候選人轉為發起人，最後獲選成為幫裡的成員。他們必須沈浸在尋寶遊戲裡，才能參與成員世界裡的玄疑與秘密，能解決謎題並逃過遊戲陷阱的人，才能成爲會員。這個活動的奧妙之處，在於它把蘇格蘭威士忌從一種產品轉換爲一項團體的經驗。「坎沛幫」的成員將可受邀到一個蘇格蘭古堡與其他成員見面——一九九九年十二月三十一日將會有一個盛大的酒會，成員將齊聚一堂，一同歡迎下一個世紀的來到。

## 獨特聯合定位

未來，內容將比型式更重要。多媒體本身並不是結果，而是手段，它只能爲我們打開嶄新的傳播機會，以補既有媒體之不足。換言之，多媒體只是局部地代替既有媒體。

而有一件事可以確定：媒體之間將會更加互相依賴。儘管媒體不斷增殖，但沒有任何一種媒體能接觸到夠多的人，而接觸到他們的時間也不夠久。**一個廣告若想要達到累積效果的話，必須要讓自己在各式各樣的媒體上出現才行。**

因此，廣告訊息必須要「腳踏多條船」，適應不同的媒體環境，它還必須深入人心，拉近訊息本身因爲不同媒體和不同執行方式所產生的差別。它的力量必須要能夠抗衡媒體造成的分散特性。管道已經從單一媒體變成多重媒體了，三十秒鐘的電視廣告已經沒辦法一手做完所有的事情了。這不是說USP（unique selling point，產品獨特賣點）的觀念就此無用武之地，但它的角色將有所改變。

新的媒體管道需要我們把點子或訊息合爲一體。這些點子必須能在各個不同的媒體中，使用新的表現方法和執行方式。下一代的USP，應該要能爲不同的廣告製作提供一種強有力的連結：「獨特聯合定位」(unique unifying proposition) 可以做到把點連成線，在合爲一體的同時，又能保持多重特性。

我們常常刻意簡化一個創意來表達賣點，或將品牌要傳遞的訊息簡化爲一個特定的承諾，例如麥斯威爾咖啡的「到最後一滴都好喝」。如果要把這個賣點放在海報裡或者CD-Rom裡，將無法用同樣的方式傳達訊息。因此，未來的廣告主題必須更寬闊、更開放，才能統合品牌整體的訊息。像耐吉的「Just Do it」與百事可樂的「新世代的選擇」這類的方式，在寬度上和深度上足夠在各式各樣的媒體上發揮，同時又有一個品牌整體的訊息。

豪雅錶也是一個適當的例子。它以「成功是一種心靈的比賽」爲廣告主題，在電視廣告、平面廣告和光碟上，都提出「心靈戰勝一切」這項主題。在豪雅錶的光碟裡，凡對運動有興趣的人，都有機會一睹冠軍運動員的風采，聽運動員談他們如何自我激勵以創造輝煌的成績，以及如何運用想像力來激發動力。這種新資訊科技使我們有機會更深入瞭解得冠軍者的態度，並將之帶入自己的生活中。看過這些訪問後，我們不會再用同樣的眼光看待豪雅錶；這些訪問增加了訊息的深度。豪雅錶的做法，已經將傳統媒體的水平對話和新媒體的垂直對話加以調和。這種改變可說明如下：

傳統：有效的訊息必須簡單易懂。

顚覆：新媒體開啓了一個多重傳播的時代。

前景：所謂有效，是將所有的訊息整合爲一個獨特的聯合定位。

新媒體把每一件事都帶進個人的、私人的層次裡。資訊越容易得到，人們就越需要看法和意見，以便深入瞭解與確認方向。在未來，品牌將更需要在消費者心中留下明確的印記，留下一些消費者抓得住的東西——而廣告公司可以一起來決定消費者要什麼，什麼樣的「統一訊息」可以加深消費者的印象。

## 數位時代中的廣告公司

內容和媒體既已越來越密不可分，所以廣告公司正好處於一個絕佳的位置，可以觀察兩者如何結合。多媒體的蓬勃，給予廣告公司一個水漲船高的機會，我們應該好好把握，不要只將新科技當成另一種新媒體而已。在可預見的未來，廣告公司的地位會很特殊，介於廣告主（客戶）和新興消費者（數位兒童）之間。它必須作爲兩者的介面，創造出一套眞正對使用者友善的語言。

當電視科技不斷進步，不僅廣告訊息會越來越分散，電視觀衆也是一樣。想要增加節目的收視率，就必須投觀衆所好。我敢打賭，就像廣告公司提供意見給客戶一樣，廣告公司未來將可提供意見給製作節目的一方，甚至幫忙設計節目內容。廣告公司居於兩者之間，所以比任何人都有能力幫助這兩個世界對話。新科技會產生一種新的交易方式，而且這種方式還會繼續茁壯。從新產品的概念到雙邊的會面，都須借重廣告公司。

以上所述，意味著新的挑戰。未來像是一片白紙，廣告這一行可在紙上盡情揮灑。這個想法可用以下的模式來解釋：

傳統：廣告公司製作廣告。

顚覆：廣告公司的角色是要輔助各方之間的溝通。

前景：廣告公司必須建立語言。

奧美廣告公司互動部門的卓安儂（Michel Troiano）認爲：「**勝利將會屬於能夠將廣告公司、軟體公司、顧客服務處與出版公司合而爲一的企業**。」許多廣告公司正重新調整步伐，朝此方向前進。我們ＢＤＤＰ巴黎分公司的二三事可以顯示出這種潮流：我們發展出一種可以即時監督麥當勞銷售成績的軟體；我們每週平均出版三．五種像新聞周刊般大小的雜誌；我們爲法國百分之七十的托兒所開設食品營養課程；對貿易行銷人員舉辦商務訓練；替汽車銷售公司和銀行建立顧客忠實計劃；想像所有可能的情景並模擬危機處理，以便因應原子爆炸的意外；當國營公司轉爲私營的時候，我們針對其制度應有的變革提出建議。客戶對我們的期望與日俱增，我們必須起而接戰。

我們已經爲許多客戶製作了雷射光碟片，例如大通銀行（Chase Manhattan）與豪雅錶等。我們爲法國電信局設計了法國第一個網際網路廣告，還設計了維菁音樂的超大網站和維菁音樂城內的網路伺服器，這是法文（和英文）電子雜誌中，第一本由於內容與品質優秀，而被提起與美國正字標記的熱門網站「熱線」（Hotwired）相提並論的作品。它是法國最多人上去的網站之一，在一九九五年底的熱門網站排名活動裡高居第三。除此之外，我們也讓客戶參與知名月刊《CD媒體》（*CD Media*）發送雷射光碟的活動。

然而，最重要的，是我們正一步一步向互動世界進軍。我們花了幾個月的時間把我們的經典平面廣告和電視廣告數位化，以備不時之需。最近我們也開設了我們自己的網站Disruptif，每個星期列出「最顛覆」的網站排名。「顛覆主張國際銀行」早在CD-Rom發明以前，就存在影碟上了，裡頭包含了約一百個顛覆廣告的歷史案例，有文字、聲音與影像。我希望我們很快就會有自己的網路伺服器，以便進一步儲存資訊。那些資料不再埋藏在檔案裡，而會在電腦網路中自由流通，任何有需要的人，都可在此找到他想要的資訊。

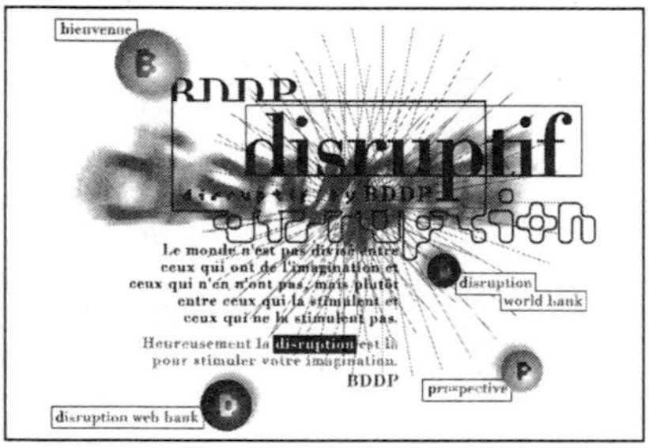


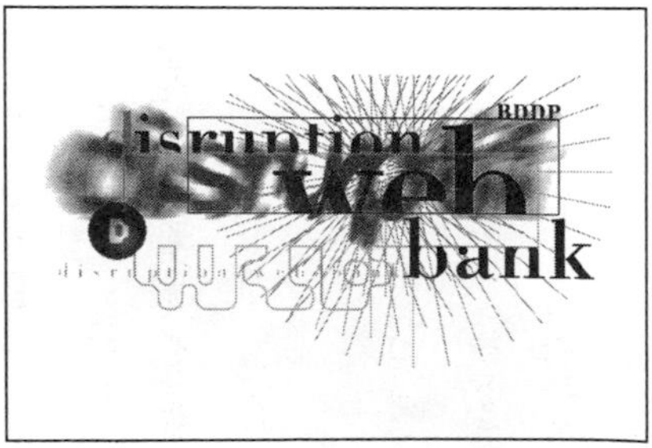

為什麼要談這些呢？因為當未來難以預測的時候，你必須實驗，必須邊做邊學，試著看清未來。當虛構遇見現實，就構築成一個虛構的現實。虛擬是互動的原因和結果。互動是傳播管道繁衍的根源，它畫出一個同心圓讓我們隨意進出——這些我們都曉得，而我們不知道的，是它們將在多麼短的時間內就影響到我們的日常生活！所以，廣告人必須警醒，打開耳朵，張開眼睛，為大家向前看。

廣告公司必須加入這一場戰爭。我們必須越來越敏銳。想要捕捉從互動之中產生的對話，我們需要更嚴格的訓練。廣告人必須下苦功。在出現互動的概念以前，我們常說：「重要的不是說了些什麼，而是消費者看了廣告以後想了些什麼。」從現在起，大眾對於廣告的回應只有一次，就這麼一次。大眾在面對廣告的時候將成為主動的參與者，他們有權決定要不要玩這場遊戲。

# 9

# 永遠的外人

## 向廣告公司學習

廣告公司是客戶最有想像力的策略顧問。

注重員工創意的企業，

應當學習廣告公司的水平式組織結構，

因爲那可能是明日企業組織的型態。

相信品牌文化是最終極資產的企業，

請讓廣告公司爲你開創未來。

無論從哪一方面來看，一九八〇年代都是個揮霍的年代。

就廣告而言，在八〇年代裡，無法辨清因果的人認爲，廣告的強大效力導致了社會主義經濟制度的崩潰。前可口可樂行銷與廣告總監彼德·史利（Peter Sealey）曾說，廣告對於柏林圍牆的拆除有重要的貢獻。他說：「在短短的三十秒廣告影片裡，孩子們喝著可口可樂，吃著麥當勞漢堡，戴著新力隨身聽，穿著耐吉球鞋；這些畫面把夢想帶給成人和孩童，其力量足以改變整個世界。」他還說：「廣告裡顯示的不只是品牌，它更傳達出歡樂、喜悅與生命的活力，打動了人心。集權的、教條的、枯燥的、灰暗的計畫性經濟與社會主義，無法與廣告的力量相抗衡。」在那個年代，不少人認爲自由競爭是自由社會的前提……而廣告正是促成市場自由競爭的潤滑劑。

八〇年代，廣告人出現在晚間新聞裡評論時事。那時候，連最小的廣告公司都名列股票交易市場，三年內，倫敦出現了二十家上市的廣告公司；大廣告公司如上奇，營業額是資本額的二十五倍，甚至打算買下一家銀行。在那個年代，錢賺得輕而易舉。這麼說是有憑有據的，我記得我只打了一通電話，就在美國拿到一筆預算爲二千萬美金的生意。

不過，那種揮霍無度的年代已經不再，現在已經縮小規模——這對某些領域而言是好的，特別是對廣告業有其好處，但是造成的影響似乎嚴重了些。今天，廣告業好像被人從臺上推到臺下，大幅修改營運規模之外，廣告公司又大幅降低收費的標準，然而，這無異於在自己的傷口上灑鹽巴，使得廣告業的困境更蹇。更糟的是廣告公司已經不做任何投資了。奧美廣告舉辦過一流的訓練課程，現在到哪兒去了呢？誰還肯投注心血在接班人的身上呢？

追根究底，問題出在九〇年代的廣告業正面臨創意枯竭與人才流失的窘困局面——說這話的人，乃是代理歐洲地區寶鹼產品的廣告公司副總柯利瑞（Mike Cleary）。很少有公司像寶鹼那樣看重廣告的功能；寶鹼的成功有兩個原因，一是它的研究發展成效卓著，二是它可以找到長於傳達產品優勢的廣告代理。對寶鹼而言，卓越的品質和有見地的廣告，就是他們企業永續經營的基礎。寶鹼甚至把自己的行銷部門更名為「廣告部門」。可惜的是好景不常在，柯利瑞曾經冷酷地自我分析：「我們無法再吸引最好、最聰明的人才。我們是靠人才起家的企業，可是我們卻在人才的投資上做得不夠。」

對現狀抱持如是看法的人，不止柯利瑞一個人。幾年前，百事可樂的安利可(Roger Enrico)也問：「好的行銷人才幹嘛要為廣告公司做事呢？」答案正在問題中——安利可看不出來，廣告公司對行銷有什麼貢獻。路易哈利公司（Louis Harris）一九九三年發表的一項研究報告，更是令人洩氣：題目是〈你認為，將來改變會來自何處？〉，百分之五十六的受訪者回答研發部門，百分之四十說是企劃部門，僅百分之八的人提到廣告公司。

在我看來，我們這行的未來，就在於我們是否有能力移轉上述的百分比，可不可以重新出發，改變前述的柯利瑞悲觀的想法，以及能不能回答安利可那個發人深省的問題。

# 廣告復興

事實上，儘管環境險惡，廣告公司仍據有一席之地。廣告公司既是提供服務的人，也是企業的工作夥伴；它可以被視爲企業的智囊團，亦具備獨立營運的條件；它的編制在企業之外，但又能深入了解品牌、分析問題，因而帶給客戶全新的觀點。總之，因爲廣告公司處於不同領域、不同活動的交岔路口，它那種既能溶入情境，又能保持距離的位置是無與倫比的。作家萊斯和崔特說，廣告公司是「永遠的外人」，這形容不僅眞實無比，也點出了廣告公司立業之大基，及其值得充分利用的資產。

我們該用什麼樣的眼光來看自己？我在此做個總結：

傳統：廣告公司逐漸失去影響力。

顛覆：沒有任何外部顧問比廣告公司更瞭解客戶。

前景：廣告公司是顧問，一個有想像力的顧問。

廣告公司必須想辦法去除所有阻礙它們進步的傳統，重拾自己策略顧問的地位。儘管近年來廣告公司已失去在策略諮商上的地位，但是，我們必須明白，廣告公司不只可以做廣告方面的顧問，還可以在其他方面提供意見。在這個信念背後的邏輯很清楚：如果你想做出有效的廣告，就需要有足以鼓舞人心的策略；而要提出成功的策略，就需要徹底研究品牌，並且對品牌延伸的可能性瞭若指掌。追根結柢，我們得問自己：「這個產品究竟有什麼用途？」或者，爲了預設前景，我們得問自己：「這個品牌代表的意義是什麼？」這些問題都有待我們從廣告策略往上追溯，推回到品牌策略，而通常這都回溯到公司策略。

我們必須證明，我們知道，客戶最關心的是什麼，大衆最需要的是什麼，然後才能達到以上的目標。也就是說，廣告公司得爲自己建立一個名正言順的地位；在創造品牌和預設企業前景上，廣告公司都得讓自己成爲一個不可或缺的夥伴。前面提到，廣告公司應該重新讓自己成爲一個專業顧問，這裡指的不是泛泛的顧問，而是一個有想像力的顧問。唯有如此，才能激起廣告業的復興運動。

我們的目標，是讓像安利可那樣的人知道，行銷人員也可以從廣告公司身上得到啓發。由於廣告公司的業務範圍廣及各行各業，這些豐富的面向可以使行銷人員獲益。廣告公司是行銷經驗的大融爐，它能夠讓創意從一種產業飛躍到另一種產業。廣告公司並且能應用知識、配合才幹來面對任何情況。這也是廣告公司之所以不可或缺的原因。

楊雅廣告公司的創辦人詹姆斯・楊（James Young）曾說：「我敢說，那些被廣告業吸引的人，自己就是一個有意重建世界的人。」如果要根據現況改編他的樂觀論調的話，我會說，我們應該讓客戶重新受到廣告吸引，重新認識廣告的力量，藉以重建廣告新世界。

## 未來的組織結構

垂直式的組織結構已經過時了。好創意不是隨便跟大老闆聊聊天就能產生的。水平式的組織結構才能啓發靈感，產生顚覆。

唯有破除疆界，想法才能自由揮灑。當某人說「我是某某專家」或「我代表某某機構」時，他其實已經背離了進步的可能性。資訊科技和所有現代科學一樣，它的進步要歸功於跨領域的整合，以及各種技術之間的整合。

廣告公司運作的一大特質，就是水平式的組織結構。漢狄提醒我們，這是我們最珍貴的資產之一。在他的新作《空雨衣》(*Empty Raincoat*) 一書中，他認爲，商業人士應該要「參考廣告公司的模式，才知道未來企業該如何運作。廣告公司依照員工專長編出了創意組、業務組、媒體組。從這些小組裡，選出一些人爲不同的客戶或產品企劃。每個人可能同時爲好幾個客戶工作，人數依工作的需求而定」。他還說：「**廣告公司的組織方式，既具備嚴謹明確的核心意識，又爲建議與改進預留了空間——而且通常是很大的空間。**」

ＩＢＭ、ＡＴ＆Ｔ和全錄等企業的組織結構都經過重建或改組，調整爲許多自主單位之間的網絡連結；從結構上來看，它們已與廣告公司相去不遠了。雖然去除區隔與階層是個艱辛的過程，但它們竭力創建的橫向組織（結合不同領域的專長和創意）才能眞正促成進步。

水平式的組織結構不是空言，而是行動。要讓一個企業眞正具備生產力，就要讓各個部門平起平坐。事實上，這件事兒挺困難的，因爲每個公司出於自己的企業文化（也就是歷史背景），往往特別重視某個部門，可能是業務部、財務部、製造部或行銷部。然而對廣告公司而言，沒有哪一個部門比別的部門重要、沒有哪一個部門能強勢主導，大家各有專長，應該在平等的立足點上貢獻出全部的能力。因此，當部門面臨問題的時候，它不會覺得有來自某某長官或高階人士的壓力。所有仰賴員工創造力過活的公司，都應該學習這樣的組織方式，因爲創造力是非常脆弱而需要維護的。

## 速度就是力量

前面我們提過雪維餐廳推出「新鮮電視」系列廣告，每一支廣告在拍完的當天就立即播出。這種即時播出的概念在今天看起來很新鮮，但是，這種新鮮感恐怕維持不了多久。科技將會克服重重障礙，幫助我們擺脫沈重的包袱。不久後，從概念形成到廣告播出，恐怕只需要短短幾個鐘頭就夠了。訊息可以不斷更新、修正、改變，所以我們必須盡快把已完成的廣告播出去。速度本身就是一個目的。

然則此處有一個弔詭：科技幫我們省下愈多時間，我們就愈沒時間。許多概念與想法我們還來不及充分利用，它們就過時了。我們正在經歷一場全球性的速度戰爭。結構越有彈性的產業（例如廣告公司、電腦軟體公司與顧問公司），越具備機動的優勢來面對這場戰爭。在科技時代裡，決策必須在瞬間完成；誰能在第一時間內取得資料、消化資料並且立刻處理資料，誰就是贏家。簡言之，我們必須消滅「時差」。這是個嚴苛的挑戰，也是廣告公司不得不面對的挑戰。哲學家韋瑞利歐（Paul Virilio）有謂：「資訊的價值，建立在其傳輸的速度中。速度就是資訊！」

## 網絡連結

二十世紀初，不到百分之五十的專業人員受雇於企業，到了八〇年代，百分之九十的專業人員在大公司上班。過幾年，我們可能會看到這個數字回到百分之五十。誰說企業購併是必然的趨勢？爲一個小公司工作，或者爲自己工作，才接近自然的做法。今天，所有的公司都必須對外部專家打開大門，誠如湯姆・彼得斯所說：「以爲最適任的人選必然在自己公司內部，其實是一種無知。」

在這方面，廣告公司也讓我們有機會一瞥未來的組織型態。廣告公司的結構就是由網絡連結起來的。廣告公司管理的秘訣，在於如何充分利用分散在全球各地的分公司。網絡不是一堆插在地圖上的小旗子而已，它是各種技術與專長的總合。管理一個網絡型的企業，需要啓發與激勵。

如果你把網絡的基地放在紐約，那麼它可能會變成美式的廣告公司。這也許不成問題，因爲全世界百分之五十的廣告費用發生在美國，而全球百分之七十的品牌來自美國。但是，如果你把網絡的基地放在巴黎，然後開始發展一個「法式」的廣告公司，那你就毀了！我認爲最好的也是唯一的方法，就是創造一個跨文化的網絡連結。你應該在每一個有分公司的國家都痛下工夫，知道按下哪一個文化按鈕會讓產品賣得更好，辨認每一個分公司的專長。**強調「文化多元」，意味著你必須避免作成僵化而簡略的決策。不管你的想法是美國式的或法國式的，千萬不要強迫推銷你自己的世界觀。**

文化多元不是指把各個國家混在一起就算了，而是說讓來自不同專業領域、不同商業文化的人在一起工作。廣告公司就像任何永續經營的企業一樣，必須借重外在的資源來做事。所謂的外在資源，指的不是一般的個人工作者，而是指更高層次的專業人士，例如領導時代潮流的思想家或者某個特定領域的專家。以法國國家科學研究中心的研究員費雪樂（Claude Fischler）爲例，他是法國最著名的營養專家，BDDP爲客戶企劃的「丹酪健康計畫」，就得力於他頗多。塔得（Emmanuel Todd）是法國和全世界知名的人口統計專家，我們公司曾經借重他的長才，爲一個法國經銷商想出幾個好點子。我們雖然知道如何請到外界的專才，卻不見得知道怎麼好好善用他們的能力。BDDP邀請了十位外部顧問，籌設了一個永久的諮詢委員會，藉以豐富我們公司的文化多樣性，並且充分開發公司的潛力。這個委員會按工時支薪，是專屬於我們的顧問群。

廣告公司在許多方面都堪爲企業組織結構的模範。這個現象部分出於巧合，部分是因爲廣告公司一直密切觀察著環境的改變。儘管下列的主張可能會讓許多我的客戶感到驚訝，我還是要提出我的看法：

傳統：廣告公司是缺乏結構的組織。
顚覆：廣告公司是個流動的空間，應該讓每個人都有機會一展長才。
前景：廣告公司的結構，預先勾劃了明日企業組織的形態。

顚覆主張的優點之一，在於它可以加強廣告公司的橫向運作，鼓勵來自不同領域的人爲一個問題共同努力，讓他們成爲機動的解決問題小組。在水平式的組織結構裡，遇到問題，員工不會只想著就近解決，每個人都可以受惠於別人的經驗和意見，每個人都能夠發揮最好的能力。

## 廣告主與顧問

在行銷的領域裡，下游的戰術漸漸地與上游的戰略合爲一體，想把兩者分開似乎越來越困難了。一個策略唯有靠實際執行才會有價値，因此，策略適不適用，就是評斷它好或不好的最佳標準。

格斯爾（Lou Gerstner）曾說：「實行即策略。」萊斯和崔特認爲，戰術就是策略，既然廣告公司是戰術專家，那麼當然也應該是策略專家。

萊斯和崔特並不特別擁護廣告業，他們只是察覺了一個現象：若下游掌握得好，往往能產生一種回饋的效應，啓發上游。在《由下往上的行銷》（*Bottom Up Marketing*）一書中，他們強調，策略可以從特定處出發，也就是「先找到有效的戰術，再把它發展成有效的策略」。他們以聯邦快遞與漢堡王爲例，說明好的戰術經常出自廣告的點子，繼而主張「應該用廣告戰術來指揮企業策略」。這種說法不可不謂誇張，但自有其啓示。他們相信戰術出自創意而非策略。在這時代裡，眞正重要的是點子。你必須先從點子著手，然後回頭與資料比對。

下游、上游、倒退、前進……這些字彙反映了傳統的思考方式。我們必須打破從上往下的思考邏輯，從直線思考中解放出來，相信直覺。**一個別出心裁的點子，遠勝一個適當的策略。**

在這個時代裡，理想主義和實用主義之間的衝突、演繹法和歸納法之間的爭辯，都變得不重要了。我們公司把最近對UAP做的提案命名爲「演繹行銷」——聽起來不很明白，它指一種抓到要領的方法。我們爲UAP發想的廣告標語是「你如果不是第一，就什麼也不是」，反映了UAP的自我要求：企圖解決最棘手的社會問題，如退休與社會安全等等。這些廣告訊息刺激了客戶內部的努力，敦促UAP勇往直前、超越自我，達到那些看似不可能的目標。廣告播出之後五年來，UAP的行銷部門陸續推出了許多符合廣告訊息的產品和服務。今天，UAP保證在四十八小時內回覆索賠的申請。如果不是因爲我們的廣告，這項「UAP條約」永遠也不會履行。以上是不久以前UAP的董事與我聊天時告訴我的。

覺得奇怪嗎？廣告公司越界以後就得心懷愧疚嗎？當然不。廣告的角色一向是美化行銷，相對的，我們也有權要求行銷多走一點路，多做一點努力。

這種可從下游回推上游的辯證式活動，其實是所有生物共同的經驗。舉例來說，人的大腦指揮肌肉收縮，但是當收縮太強的時候，神經系統會回頭去刺激腦部，讓我們感覺痛楚，然後據此修正我們的行爲。同樣的道理，我們可以設計出一套電腦程式，讓它不但可解決問題，還可以依據結果回頭修正程式本身，這種回饋效應正是人工智慧的基石。廣告人就像前例中的肌肉或人工智慧，花時間來回思考，從演繹到歸納，從下游到上游。

在下游的工作裡，直覺可以激發強而有力的策略。我們爲丹酪乳品所做的廣告，讓客戶願意更重視健康這個概念；UAP和歐蕾也發生同樣的情形。具說服力的廣告作品告訴我們，我們的策略是正確的。下游使上游得以成立，而戰術加強了策略。

這樣看來，廣告公司的確是很棒的專業顧問。它們處於一個具體的、實際的世界裡；它們接觸並感受到最眞實的狀況；它們的想法銳利，比任何外面的顧問專家更能預見未來世界的模樣。沒有創意，你就看不見品牌的前景——前景不是推測出來的。**廣告公司的任務不是要解決客戶的問題，而是要產生新的可能性**。我們應該爲客戶找出更好的點子、創造更好的未來：

傳統：廣告公司應該固守製作廣告的角色。

顛覆：廣告公司生產無限的可能性。

前景：我們的角色是要創造客戶的未來。

廣告公司的企業文化也是強化競爭力的重要因素。在廣告公司裡，行銷人員和創意人員代表了兩種對立的心理狀態；行銷人象徵歸納的原則，創意人象徵演繹的精神。兩者經常一起工作，可以建立起一種共同的文化，而這種文化的結合是廣告公司的無價之寶，一個無法替代的武器。

廣告公司必須瞭解自己的特性，應該充分利用水平式的組織結構，發揮團隊工作的精神。橫向共事，可讓不同背景的人每天一起思考問題，這麼做不僅可以把不同的專業帶進工作裡，還可以讓來自不同背景的廣告人發揮整合的效應。對我而言，橫向共事也是廣告公司存在的理由，它拓展了我們的可見範圍，放大了我們的創意能量。廣告公司應該比任何專業的顧問公司更能跳出框框，看得更遠。

## 創意之戰

世界的經濟正邁向一個全球化的、即興的消費階段，這個過程不像是演化，反而比較像是一種革命。我們逐漸發現，非物質的因素將會決定物質的價值。法國社會學家李歐・謝爾（Leo Scher）曾經提出符號與物品的倒轉關係，他說：「符號變得越來越真實，而物品變得越來越虛幻。」我們已經進入了一個「全文化」（all-cultural）的時代。

具體的世界變得沒有價值，缺少趣味，而附加的文化與知識創造了產品的價值，賦予了品牌意義。不管是香水或優酪乳，意義的價值會超過產品本身的價值，因爲非物質的價值可以保存得更久。

長久以來，人們一直相信，傳播的角色是要爲產品添加色彩、突顯產品特性、提高購買動機。這種裝配線式的心態已經逐漸失效了，原因是傳播不只是產品行銷的管道，更是整體品牌規劃裡不可或缺的一部分。它不僅把產品帶給消費者，也創造了產品的文化價值。我們可以用顚覆模式來解釋上述的概念：

傳統：眞實的世界是有形的世界。

顚覆：無形的資產比有形物更持久。

前景：品牌文化是企業最終極的資產。

二十年來，廣告人孜孜矻矻爲有形的產品創造優異的銷售成績，但是從現在開始，在這個抽象的因素愈來愈佔上風的經濟環境裡，廣告將開始爲品牌增添無形的附加價值。品牌之戰終將成爲一場創意之戰；購買某個產品，意味著向某個品牌的文化靠攏，或意味著投票給那個品牌所代表的文化。

顚覆主張就是建立品牌價值的動力。預設前景，可以爲品牌找到好的起始點；比對傳統，就能夠讓競爭對手顯得老舊過時。二十世紀末出現了若干成功的商品，幾乎都是藉著顚覆某種傳統來呈現出自己的品牌前景。好比蘋果電腦以「人性」爲前景，改寫了人與機器的關係；

班尼頓以「自由主義」爲前景，推翻了服飾業的傳統；微軟以「強調進步」爲前景，動搖了官僚作風的路障。

在這場不歇的創意之戰裡，我們把顚覆主張內化爲企業文化與競爭能力的一部分。我們讓它固守於心，寫進我們的基因碼裡。

顚覆主張是一種思考的方式，不是教條；它包括各種意見和態度。它可以刺激策略的形成，抵抗直線性的思考。它找尋品牌之間的同質性而非相異處，並將這些同質性當作有待質疑的傳統。顚覆主張並不怕成爲某種廣告的領航員，因爲它正企圖使每一個品牌都獨樹一格。

顚覆主張是我們BDDP共同的主張。BDDP水平式的組織結構，推翻了辦公室裡的階級意識，也模糊了各地分公司之間的界限。當一個BDDP在紐約的廣告AE，和一位BDDP在法國的AE在電話中談到某個產品時，兩人可以立刻深入問題的核心。廣告人之間的意見交換將變得非常豐富，不會再流於膚淺與不著邊際的扯淡。顚覆主張使我們的「波長」變相同；我們無須一字一句交換想法，只要說一半就夠了。顚覆主張可以創造出適合自由交換意見的環境。

在數位化的時代裡，我們會被龐大的資料淹沒；事實上，許多人擔心，我們將會進入一個資訊泛濫但缺乏想法的時代。BDDP的想法剛好相反。我們認爲，廣告將邁向一個充滿創意的世紀，而這場激戰會打得難分難捨。世界越趨複雜，權力與創意之間的平衡點將會朝著創意移近——我希望如此，也認爲它會發生。創意就像是一個會自我修正並自動成長的電腦程式，即使是最強勢的企業，也無法阻擋創意的流通。當資訊的管道越來越多，權力就會越來越分散，唯有創意是主宰。

「權威」（authority）這個字從「作者」（author）而來，而作者，正是一個產生創意的人。時勢之所趨，創意將成爲權力的來源，創作者將重新取得權威。

未來的十年將會出現新的生活方式、新的工作形態和新的價值觀。決裂乃是必然，變動就有智慧。讓我們謹記在心：有待發掘的，永遠比已經發掘的更重要，而今日的前景，終將成爲明日的傳統。

## 譯後記

# 法國式的創意春藥

每回說起自己主修廣告創意，對方總是張大了眼睛怔怔地看著我。這些懷疑的目光有兩種含意，第一種是「創意可以學嗎？」第二種是「創意可以教嗎？」老實說，我也沒有十足的把握。不過，我確知，某些情境、遊戲、觀點、論述可以幫助我和學生激盪出天馬行空的奇想。這本法國進口的創意書，也在這些思考春藥之列。

從實務的角度來看，本書提供了不少「惠而不費」的戰術，例如「顚覆主張國際銀行（第181頁）」、「那會怎樣」問題表（第183頁）等等。其中讓我印象最深刻的，是作者在第七章裡寫的一小段話，他說：「我有三次爲石油公司企劃廣告的經驗。每一次，我都以在街上隨便找個人聊一聊作爲企劃的起點。」這段話讓我想起姚開陽先在《動腦雜誌》發表的一篇文章，題目就是「做廣告當知米價」。讓我們面對現實吧！書本、專家、學校、老師能夠提供給廣告人的材料實在有限，放下紙筆，關上電腦，離開中央空調的辦公大樓，走上街頭與消費者面對面，才是最好的靈感泉源。

對我個人來說，最最值得玩味的部分，莫過於這本書對於廣告創意策略的「後設」主張。我的廣告知識完全來自美國學院的廣告教育和美商廣告公司的作業手冊。在我的腦袋裡，創意是由策略推演出來的。但是，在欣賞、評析、詮釋其他國家的廣告時，美式的觀點卻顯得綁手綁腳，許多成功的廣告創意徹底顛覆了我所熟知的「創意生產方程式」。我的疑惑，《顛覆廣告》提供了部分解答。作者在第二章裡談到，法式的作業流程反轉了美國「先策略後表現」的思考模式——創意人先發想好點子，然後檢查每個點子是否符合商品定位，這樣的過程可能反覆來回好幾次，直到定案，才回頭爲企劃書裡留白的策略部分塡上一段自圓其說的文字。這種「重質不重量」的做法，比美式廣告更接近創意思考散漫、亂序、頓悟、無厘頭的本質。

這是我與若雯的第一本譯作。接下這份工作的理由之一，是想藉此覓得更多創意資源，共同建構一條由「生手」通往「專家」的道路，如果這本書可以引發任何有關廣告創意的討論與狂想，請善用我們的電子信箱（wlchen@cc.nccu.edu.tw），讓這些點子有機會互相碰撞、引爆更多的 know-how。

最後，特別要謝謝張娟芬與陳郁馨在過程中爲我們加油打氣，分憂解勞。

陳文玲

一九九八年二月八日

***www.disruption.com***

本書中提到的許多廣告案例，
都可以在這個網站裡看到：

http://www.disruption.com

# 作者致謝

顛覆主張是我們整個公司的思考方式。 BDDP 集團的許多員工幫著讓此思考概念更豐富，因此，也等於對本書內容有所貢獻。

首先，我要感謝Robin Lemberg, Nicole Cooper, Sarah Baldwin, Hervé Brunette 等人。

Robin 從我要寫書開始就扮演一個重要的角色，她是這本書的醫生兼軍師。她幫忙做研究，分析並解釋相關的資料，她還幫我重新整理書中若干內容。她的美國式理解，大有助於修改此書，使之適合美國讀者。沒有她，這本書不可能出現在讀者面前。

我也要謝謝 Nicole Cooper ，我十五年來工作上的左右手。對於這本書，她付出的時間和我一樣多。她的組織能力與耐性，讓事情得以順利進行。謝謝她的付出與才華。

這本書同時以英文和法文構思，也用兩種語言寫成。我得大大謝謝 Sarah Baldwin ，她的譯筆讓英文版與法文版非常接近。

Hervé Brunette 負責「顛覆主張國際銀行」和「那會怎樣」問題表，同時他也創造了顛覆大學。過去五年來，他時時思索顛覆這問題。是他把一個不成熟的想法培養成紮實並可持久的主張。

此外，我也要謝謝所有對本書有貢獻的人：Frank Assumma, Douglas Atkin, Nicolas Bordas, Fiona Clancy, Isabelle Domercq, Pascal Dupont, Patrick Flaherty, Michael Greenless, Andrew Jaffe, Michael Mark, Natalie Rastoin, Michel Sara, Eric Tong Cuong, Rod Wright.還有 Djazia Boukhelif, Philippe Gadel, Philippe Jacquot, Alastair Maclean, Corinne Vacher, Phyllis Wagner.

最後，特別要謝謝我的夥伴們： Marie-Catherine Dupuy, Jean-Claude Boulet, Jean-Michel Carlo, Jean-Pierre Petit.有了他們，BDDP 才可能存在，才做得出書中敘述的廣告企劃。

# 大塊文化出版公司書目

**touch 系列**

| | | | |
|---|---|---|---|
| 01 | 10倍速時代 | Andrew S. Grove 著<br>王平原譯 | 250元 |
| 02 | 未來英雄 | John Brockman 著<br>汪仲等譯 | 330元 |
| 03 | WWW.新家庭 | Seymour Papert 著<br>賴慈芸 等譯 | 250元 |
| 04 | 量子管理 | Stan Davies 著<br>何穎怡 譯 | 250元 |

**mark 系列**

| | | | |
|---|---|---|---|
| 01 | 福爾摩啥 | Psalmanaazaar 著<br>薛絢 譯 | 280元 |
| 02 | 西藏七年與少年達賴 | Heinrich Harrer 著<br>刁筱華 譯 | 250元 |
| 03 | 聖經密碼 | Michael Drosnin 著<br>杜默 譯 | 250元 |
| 04 | 絕對的藝術家 | 謝恩 著 | 390元 |
| 05 | 潛水鐘與蝴蝶 | Jean Dominique Bauby 著<br>邱瑞鑾 譯 | 150元 |
| 06 | 革命前夕的摩托車之旅 | Che Guevara 著<br>梁永安 等譯 | 250元 |
| 07 | 風聞有你，親眼見你 | 冉亮 著 | 250元 |

**smile 系列**

| | | | |
|---|---|---|---|
| 01 | 豺狼的微笑 | Aquarius X 著<br>蔡志忠 繪圖 | 特別價 69元 |
| 02 | Peggy來占星 1 | | |

| | | | |
|---|---|---|---|
| | 愛情魔法書 | Peggy著 | 150元 |
| 03 | 成功致富又快樂 | 溫世仁 著<br>蔡志忠 繪圖 | 特別價 69元 |
| 04 | 台灣黑色燴 | 于震 編寫 | 特別價 99元 |
| 05 | Peggy來占星 2<br>工作GoGo | Peggy著 | 150元 |
| 06 | 清清醒醒過一生 | Geoffry Bellman 著<br>丁佩芝 譯 | 180元 |
| 07 | 前途 | 溫世仁 著<br>蔡志忠繪圖 | 120元 |
| 08 | 女人要帶刺 | Roberta Gregory 著<br>何穎怡 譯 | 特價120元 |
| 09 | 台灣經濟的苦難與成長 | 溫世仁 著<br>蔡志忠 繪圖 | 120元 |
| 10 | 穿著睡衣賺錢的女人 | Migi 著 | 180元 |
| 11 | 黑鳥麗子白書 | 黑鳥麗子 著 | 150元 |
| 12 | 現在流行吃素 | 黃怡等12人合著 | 120元 |
| 13 | 心靈深呼吸 | 王映月 著 | 150元 |
| 14 | 給女人靈魂的巧克力 | Kay Allenbaugh 著<br>洪國鈞 等譯 | 200元 |
| 15 | 我在花花世界 | 陳樂融 著 | 150元 |
| 16 | 非常壞 | Aquarius X 著<br>蔡志忠 繪圖 | 120元 |
| 17 | 跨世紀投資策略 | 謝金河 著 | 280元 |
| 18 | 台灣經濟的苦難與成長<br>(英文版) | 溫世仁 著<br>蔡志忠 繪圖 | 120元 |
| 19 | 一生受用的金雞蛋 | George S Clason 著<br>楊淑智 譯 | 200元 |
| 20 | 給我報報 1997 年鑑 | 三目武夫 等著 | 199元 |

## catch 系列

| | | | |
|---|---|---|---|
| 01 | 第五元素(VCD+彩色精裝書) | Akibo 視覺設計 | 450元 |
| 02 | 叛逆的天空(散文) | 梁望峰 著 | 120元 |
| 03 | 寂寞裡逃(散文) | 梁望峰 著 | 120元 |
| 04 | 小茜茜心靈手札(漫畫) | 韓以茜 著 | 150元 |
| 05 | The Making of小倩 | 徐克 著 | 特價700元 |
| 06 | 千女遊魂(小說) | 朱衣 著 | 150元 |
| 08 | 天若無情(小說) | 梁望峰 著 | 120元 |
| 09 | 墮落天使(小說) | 梁望峰 著 | 120元 |
| 10 | 在地球表面漫步(散文) | 張妙如 著 | 150元 |
| 11 | 小明(漫畫) | 歐陽應霽 著 | 150元 |

## PC Pink 系列

| | | | |
|---|---|---|---|
| 01 | 網路是一條口紅 | Peggy 著 | 280元 |

大塊文化出版公司 Locus Publishing Company
台北市117 羅斯福路六段142巷20弄2-3號
電話：(02) 29357190　傳眞：(02) 29356037
台北縣新店郵政16之28號信箱
e-mail: locus@ms12.hinet.net
1. 歡迎就近至各大連鎖書店或其他書店購買，也歡迎郵購。
2. 郵購單本9折(特價書除外)。
帳號：18955675戶名： 大塊文化出版股份有限公司
3. 團體訂購另有折扣優待，歡迎來電洽詢。

國家圖書館出版品預行編目

顛覆廣告：來自法國的創意主張與經營策略／尚-馬賀・杜瑞 (Jean-Marie Dru) 著，陳文玲／田若雯譯
-- 初版. 台北市：大塊文化, 1998〔民87〕
面；　公分 -- (Touch 系列 05)
譯自：Disruption : overturning conventions and shaking up the marketplace
ISBN 957-8468-44-X

1. 廣告

497　　　　87002541

1 1 7 台北市羅斯福路六段142巷20弄2-3號

廣 告 回 信
台灣北區郵政管理局登記證
北台字第10227號

# 大塊文化出版股份有限公司 收

地址：＿＿市／縣＿＿鄉／鎮／市／區＿＿路／街＿＿段＿＿巷

＿＿弄＿＿號＿＿樓

姓名：

請沿虛線撕下後對折裝訂寄回，謝謝！

大塊 LOCUS 文化

編號：TO 05 書名：顛覆廣告

# 讀者回函卡

謝謝您購買這本書，爲了加強對您的服務，請您詳細填寫本卡各欄，寄回大塊出版（免附回郵）即可不定期收到本公司最新的出版資訊，並享受我們提供的各種優待。

**姓名**：＿＿＿＿＿＿＿＿ **身分證字號**：＿＿＿＿＿＿＿＿

**住址**：＿＿＿＿＿＿＿＿＿＿＿＿＿＿＿＿

**聯絡電話**：(O)＿＿＿＿＿＿＿＿ (H)＿＿＿＿＿＿＿＿

**出生日期**：＿＿＿＿年＿＿＿月＿＿＿日

**學歷**：1.□高中及高中以下 2.□專科與大學 3.□研究所以上

**職業**：1.□學生 2.□資訊業 3.□工 4.□商 5.□服務業 6.□軍警公教 7.□自由業及專業 8.□其他＿＿＿＿

**從何處得知本書**：1.□逛書店 2.□報紙廣告 3.□雜誌廣告 4.□新聞報導 5.□親友介紹 6.□公車廣告 7.□廣播節目8.□書訊 9.□廣告信函 10.□其他＿＿＿＿＿＿

**您購買過我們那些系列的書**：

1.□Touch系列 2.□Mark系列 3.□Smile系列 4.□catch系列

**閱讀嗜好**：

1.□財經 2.□企管 3.□心理 4.□勵志 5.□社會人文 6.□自然科學 7.□傳記 8.□音樂藝術 9.□文學 10.□保健 11.□漫畫 12.□其他＿＿＿

**對我們的建議**：＿＿＿＿＿＿＿＿＿＿＿＿＿＿＿＿

＿＿＿＿＿＿＿＿＿＿＿＿＿＿＿＿＿＿＿＿＿＿＿＿

＿＿＿＿＿＿＿＿＿＿＿＿＿＿＿＿＿＿＿＿＿＿＿＿

LOCUS

LOCUS

LOCUS

LOCUS